# 初识"陆战之王"
# 坦克的威力

★★★★★　主编◎王子安　★★★★★

WEAPON

汕头大学出版社

图书在版编目（ＣＩＰ）数据

初识"陆战之王"坦克的威力 / 王子安主编. -- 汕
头 ：汕头大学出版社，2012.5(2024.1重印)
ISBN 978-7-5658-0827-2

Ⅰ．①初… Ⅱ．①王… Ⅲ．①坦克－世界－普及读物
Ⅳ．①E923.1-49

中国版本图书馆CIP数据核字(2012)第097941号

初识"陆战之王"坦克的威力　CHUSHI " LUZHANZHIWANG " TANKE DE WEILI

主　　编：王子安
责任编辑：胡开祥
责任技编：黄东生
封面设计：君阅书装
出版发行：汕头大学出版社
　　　　　广东省汕头市汕头大学内　邮编：515063
电　　话：0754-82904613
印　　刷：唐山楠萍印务有限公司
开　　本：710 mm×1000 mm　1/16
印　　张：12
字　　数：70千字
版　　次：2012年5月第1版
印　　次：2024年1月第2次印刷
定　　价：55.00元
ISBN 978-7-5658-0827-2

# 前　言

　　这是一部揭示奥秘、展现多彩世界的知识书籍，是一部面向广大青少年的科普读物。这里有几十亿年的生物奇观，有浩淼无垠的太空探索，有引人遐想的史前文明，有绚烂至极的鲜花王国，有动人心魄的考古发现，有令人难解的海底宝藏，有金戈铁马的兵家猎秘，有绚丽多彩的文化奇观，有源远流长的中医百科，有侏罗纪时代的霸者演变，有神秘莫测的天外来客，有千姿百态的动植物猎手，有关乎人生的健康秘籍等，涉足多个领域，勾勒出了趣味横生的"趣味百科"。当人类漫步在既充满生机活力又诡谲神秘的地球时，面对浩瀚的奇观，无穷的变化，惨烈的动荡，或惊诧，或敬畏，或高歌，或搏击，或求索……无数的探寻、奋斗、征战，带来了无数的胜利和失败。生与死，血与火，悲与欢的洗礼，启迪着人类的成长，壮美着人生的绚丽，更使人类艰难执着地走上了无穷无尽的生存、发展、探索之路。仰头苍天的无垠宇宙之谜，俯首脚下的神奇地球之谜，伴随周围的密集生物之谜，令年轻的人类迷茫、感叹、崇拜、思索，力图走出无为，揭示本原，找出那奥秘的钥匙，打开那万象之谜。

　　坦克是一种具有强大的直射火力、高度越野机动性和很强的装甲防护力的履带式装甲战斗车辆，是陆地作战的中坚突击力量，是陆军机械化和装甲化程度的标志。

《初识"陆战之王"坦克的威力》一书系统介绍了世界各国曾经或现在装备的典型坦克和装甲车辆。第一章主要介绍了坦克的起源,包括坦克名称的由来和产生原因等;第二章则介绍了坦克的发展;第三章对坦克的分类就行了叙述,包括现代轻型坦克、中型坦克和重型坦克;第四章主要介绍的是世界具有代表性的经典坦克,有德国的虎式、豹式等坦克,也有美国的M26"潘兴"坦克等。在介绍具体装备时,对每一种武器的结构特点、主要性能数据以及相关轶事进行了扼要综述。

　　此外,本书为了迎合广大青少年读者的阅读兴趣,还配有相应的图文解说与介绍,再加上简约、独具一格的版式设计,以及多元素色彩的内容编排,使本书的内容更加生动化、更有吸引力,使本来生趣盎然的知识内容变得更加新鲜亮丽,从而提高了读者在阅读时的感官效果。

　　由于时间仓促,水平有限,错误和疏漏之处在所难免,敬请读者提出宝贵意见。

2012年5月

# 目录

# 第四章　世界著名坦克

第一章

# 坦克的起源

　　1916年9月15日，英国和德国军队在索姆河上进行着大规模的战斗，双方都坚守着自己的阵地，谁也没有突破对方阵地。索姆河岸到处是沼泽地，炮弹不时在河岸四周爆炸，一股股泥浪被抛上天空，浓烟笼罩着河岸。

　　突然，从英军阵地上传来隆隆的巨大响声，一群钢铁碉堡似的怪物，冲出阵地，向德军阵地压去。德军士兵见到这些怪物，拼命朝它射击，用炮轰击，可是那怪物刀枪不入，还打机枪打炮，一边还击一边照样隆隆朝前压来。德国士兵一看这巨大怪物就要把自己碾成肉饼，吓得抱头鼠窜，只好躲在战壕里求上帝保佑。这些钢铁怪物轻而易举地进入德国地的纵深，给德军带来极大的威胁.

　　这巨大的活动钢铁堡垒，就是英国首次发明并投入战场的"陆地巡洋舰"——坦克。它有28吨重，乘员8人，侧外呈菱形，在两侧炮塔上共装有两门口径为75毫米的大炮的几挺机枪，采用过顶的重金属履带，刚性悬挂，最大速度为6000米/小时。它上面没有什么通信设备，仅带有几只信鸽，必要时就靠信鸽去联络。

　　坦克的加入使过去攻不动的德军阵地一片混乱，被英军轻而易举地突破了一部分，英军士气也因此得到极大的鼓舞。从此，坦克在战场上的价值被军事家承认了，各国都纷纷研究，很快坦克就成了陆战主兵器。

# 坦克的名称由来

英国人发明的坦克，为什么第一批称为"陆地巡洋舰"呢？据说有这样几个原因：一个原因据说是当时英国在世界称雄是靠海军，而海军最漂亮最有威力的就是巡洋舰，坦克就好比威力强大的巡洋舰，因此就叫"陆地巡洋舰"；另一个原因是，当时坦克上应用的炮和机枪都是从巡洋舰上拆下来装到坦克上的，由海洋走向陆地，因此把坦克称为"陆地巡洋舰"也不是没有道理的。

那后来为什么又改叫坦克了呢？据说当时英国人为了保密，在将这批坦克运往前线时将这种新式武器说成是为前线送水的"水箱"（英文"tank"）。结果这一名称被沿用至今，"坦克"就是这个单词的音译。后来人们就都把"陆地巡洋舰"称为坦克。

# 坦克的产生原因

乘车战斗的历史，可以追溯到很早以前，比如中国早在夏代就制造了从狩猎用的田车演变而来的马拉战车。但坦克的诞生，则是近代战争的要求和科学技术发展的结果。

第一次世界大战期间，交战双方为突破由堑壕、铁丝网、机枪火力点组成的防御阵地，打破阵地战的僵局，迫切需要研制一种火力、机动、防护三者有机结合的新式武器。1915年，英国政府采纳了E.D.斯文顿的建议，利用汽车、拖拉机、枪炮制造和冶金技术，试制了坦克的样车。1916年，英国生产出了Ⅰ型坦克。该型坦克车身呈菱形，车长9.75米，车重28.4吨，车上装有发动机，速度6千米/时。坦克车体上装有装甲防护，车底装有履带，具有很强的爬坡能力。该坦克乘员8人，有"雄性"和"雌性"两种。"雄性"装有2门57毫

米火炮和4挺机枪，"雌性"仅装5挺机枪。

Ⅰ型坦克是英国研制成功的第一种坦克，是世界上最早的坦克，也是最早参加坦克战的英军坦克。1916年6月，英军组建了世界上第一支坦克部队，全部由Ⅰ型坦克组成。黑格将军决定要用坦克作为秘密武器，冲破德军防线，让世界上第一支坦克部队与德军决一死战。

9月15日清晨，索姆河一线战场上被薄雾所笼罩。7时半，德军阵地前爆发出"轰隆、轰隆"巨响。英军坦克部队的49辆坦克，驶到进攻出发地只有32辆。32辆坦克从两翼展开，向德军阵地冲去。在冲锋过程中，5辆坦克陷进了沼泽，9辆坦克机械损坏，只余下18辆坦克。它们喷着烟雾，吐着火舌，绕过战场障碍物，碾压过铁丝网，逼近德军阵地。Ⅰ型坦克靠履带行走，能驰骋

疆场，越障跨壕，不怕枪弹，无所阻挡，很快就突破了德军防线，从此开辟了陆军机械化的新时代。从那时起到现在，世界上已制造了数十万辆坦克，成为各国陆军、海军陆战队和空降兵的主要作战武器。

一战期间，英、法和德国共制造了近万辆坦克，主要有：英Ⅳ型、A型，法"圣沙蒙"、"雷诺"FT-17，德A7Ⅴ坦克等。其中，法国的"雷诺"FT-17坦克数量最多（3000多辆），性能较好，装有单个旋转炮塔和弹性悬挂装置，战后曾为其他国家所仿效。

## 坦克的主要作用

坦克是具有强大直射火力、高度越野机动性和坚固防护力的履带式装甲战斗车辆。它是地面作战的主要突击兵器和装甲兵的基本装备，主要用于与敌方坦克和其他装甲车辆作战，也可用于压制、消灭反坦克武器，摧毁野战工事，歼灭有生力量等。

火力、机动力和防护力是现代坦克战斗力的三大要素。火力的强弱主要取决于坦克的观瞄系统、火炮威力和弹药的威力。现代坦克一般采用先进的计算机、红外、微光、夜视、热成像等设备对目标进行观察、瞄准和射击。坦克炮可以发射穿甲、破甲、碎甲和榴弹等多种类型的炮弹，还可发射炮射导弹。不同类型的穿甲弹对目标的破坏程度有所不同，一般在2000米距离上能够穿透400毫米厚的装甲，在1000米距离上可穿透660毫米厚的装甲，破甲厚度可达700毫米。除具有较大的破坏威力外，坦克炮的命中精度也很高，2000米原地对固定目标射击可达80%，1500米行进间对活动目标射击能达到60%以上。如果再配合使用激光半自动制导炮弹，命中精度还会大大提高。由此不难看出，坦克炮的命中精度和导弹相差不大，且穿甲、破甲和碎甲威力大大优于导弹，所以各国主战坦克仍以火炮为主要攻击武器。

# 坦克的结构系统

坦克被称为"移动的堡垒"，因为从外观上来看，坦克就是一个能移动的冷冰冰的钢铁屋子，装有一个长长的炮管，可以发射威力巨大的炮弹。

坦克内部的结构复杂，大体由坦克武器系统、坦克推进系统、坦克防护系统、坦克通信设备、坦克电气设备及其他特种设备和装置组成，而每个子系统又有各自的分系统。坦克乘员多为4人，分别担负指挥、射击、装弹、驾驶等任务。有些坦克采用了坦克炮自动装弹机，这样就不需要装填手，通常为3名乘员。

其实在坦克的设计中，首先要解决的一个重大问题就是总体布置，包括动力-传动装置的布置、弹药的布置、乘员的布置、战斗室的布置等几个方面，需要满足坦克的总体性能指标、安全性及人-机工程学等方面的诸多要求。

比起新房子家具的布置，坦克的总体布置要复杂得多、困难得

凑，才能在动力舱里布置得开。即便如此，坦克车内的剩余空间仍然十分有限，乘员上下车、过通道、钻安全门，都要经过专门的训练。苏联军方还特意规定坦克驾驶员的身高必须在1.63～1.68米之间，为此多招收较矮的中亚各加盟共和国的兵员当坦克兵。

多。首先是坦克的内部空间非常有限，大体上只有一个6～9平米房间的大小。如果放一台民用1500马力的发动机，剩下的空间还不够乘员活动的，更别说还要放弹药等其他的东西了。幸亏坦克发动机非常紧

◎ **坦克总体结构**

现代坦克大多是传统车体与单个旋转炮塔的组合体。按主要部件的安装部位不同，通常划分为操纵、战斗、动力-传动和行动4个部

分。

　　在坦克的总体布置中，首先要确定的是动力-传动装置的布置。算起来，动力-传动装置的布置方案有七八种之多，但大的类型只有前置和后置两种。大多数坦克是是驾驶室在前，战斗室居中，动力-传动室在车体后部且发动机纵置，不过也有坦克将发动机横置，还有坦克将动力-传动装置布置在车体前部的。二战前的坦克中，以动力装置居中或后置、传动装置前置的布置型式较多。典型的如美国M4中型坦克，其布置特点是发动机后置，发动机的动力通过一根很长的传动轴传至车体前部的变速箱，再由差速器或侧传动器传至主动轮，带动履带转动，推动坦克前进；主动轮在前，诱导轮在后。

　　操纵部分（驾驶室）通常位于坦克前部，内有操纵机构、检测仪表、驾驶椅等；战斗部分（战斗室）位于坦克中部，一般包括炮塔、炮塔座圈及其下方的车内

空间，内有坦克武器、火控系统、通信设备、三防装置、灭火抑爆装置和乘员座椅，炮塔上装有高射机枪、抛射式烟幕装置等；动力传动部分（动力室）通常位于坦克后部，内有发动机及其辅助系统、传动装置及其控制机构、进排气百叶窗等；行动部分位于车体两侧翼板下方，有履带推进装置和悬挂装置等。

火控系统是由机械、光学、液压和电子件组成的综合系统，因采用稳像式瞄准镜，火炮液压伺服系统随动于瞄准镜，该综合系统通常被称为指挥仪式火控系统。

由于瞄准镜稳定质量较小并设有位置和速度复合电路，因而具有易于稳定和很高的行进间对运动目标的射击命中率。现代坦克普遍装备了以电子计算机为中心的火控系统，包括数字式火控计算机及各种传感器、炮长和车长瞄准镜、激光测距

仪、微光夜视仪或热像仪、火炮双向稳定器和瞄准线稳定装置、车长和炮长控制装置等。火控计算机用微处理机作中心处理装置；测距仪多用掺钕钇铝石榴石或钕玻璃激光器、二氧化碳激光器；传感器可自动输入多种信息，供计算火炮瞄准角和方位提前角；炮长主瞄准镜多为可昼夜测距、瞄准的组合体装置，并配有瞄准线稳定装置，车长主瞄准镜一般为周视潜望式。

现代新型主战坦克，火炮俯仰范围为-6°~+20°，火炮和炮塔为电液或全电式驱动，炮塔最大回转速度为0.393~0.995弧度/秒，射击反应时间为6~12秒，首发命中率为65%~90%。

履带可以用来缓解重型穿甲弹的破坏力，分散穿甲弹的破坏力，而且可以使坦克自如行驶，但是如果履带脱落就难以安装。目前国外已经研发出了6轮无履带坦克。

## ◎ 坦克武器系统

坦克的主要武器多采用120毫米或125毫米口径的高压滑膛炮。炮弹基数一般为40～50发，主要弹种有尾翼稳定的长杆式脱壳穿甲弹和多用途弹。脱壳穿甲弹采用高密度的钨合金或贫铀合金弹芯，初速达1650～1800米/秒，在通常的射击距离内，可击穿500余毫米厚的均质钢装甲。多用途弹对钢质装甲的破甲深度可达600毫米左右，而且兼备杀伤爆破弹功能。各种炮弹多采用带钢底托的半可燃药筒。有的坦克炮有自动装弹机，有的还坦克炮可发射反坦克导弹（也称炮射导弹）。辅助武器多采用7.62毫米并列机枪、12.7毫米或7.62毫米高射机枪，有的还装有榴弹发射器。

## ◎ 坦克推进系统

坦克推进系统多采用废气涡轮增压、中冷、多种燃料发动机，有的采用了电子控制技术，M1和T-80坦克安装了燃气轮机。发动机功率多为883～1103千瓦，转速2300～2600转/分，单位体积功率

达543～794千瓦/米，燃油消耗率231～271克/千瓦时。坦克单位功率多为20千瓦/吨左右，最大速度55～72千米/时，越野速度30～55千米/时，最大行程300～650千米。

坦克的传动装置多采用电液操纵、静液转向的双功率流动液行星式，将动液变矩器、行星变速箱、静液或动静液转向机构、减速制动器等部件综合成一体，功率密度有的高达811千瓦/米。T-72、T-80坦克的传动装置采用了两个与侧传动器相组合的机械行星式变速箱。

坦克行动装置多采用带液压减

震器的扭杆式悬挂装置，有托带轮的小直径负重轮式和销耳挂胶的橡胶金属履带式履带推进装置。90式和"挑战者"等坦克采用了液气式或液气–扭杆混合式悬挂装置。

坦克最大爬坡度约30°，越壕宽2.7～3.15米，过垂直墙高0.9～1.2米，涉水深1～1.4米。多数坦克装有导航装置和随车携带有可拆卸的潜渡装置。

◎ **坦克防护系统**

坦克车体和炮塔前部多采用金属与非金属复合装甲，车体两侧挂装屏蔽装甲，有的坦克还在钢装甲表面挂装了反应装甲，有效地提高了抗弹能力，特别是防破甲弹穿透能力。坦克正面通常可防御垂直穿甲能力为500～600毫米的反坦克弹丸攻击。

为扑灭车内火灾和防止破甲弹穿透装甲后引起车内油气混合气爆炸，车内多装有自动灭火抑爆装置。为减轻核、化学、生物武器的杀伤破坏，车内安装有三防装置，有的在乘员室的装甲内表面附设有

削减中子流贯穿的防护衬层。此外，还配有烟幕装置及其他伪装器材和光电对抗设备，并采取进一步降低车高，合理布置油料和弹药，设置隔舱等措施，使坦克的综合防护能力显著提高。

## ◎ 坦克通信设备

坦克车内一般都装有一部短波或超短波调频电台和一套坦克车内通话器，车外有用于步坦联络的通话盒，指挥坦克通常装备两部电台。现代坦克电台多采用集成电路，带有保密机、抗干扰装置和微处理机控制器，最大通信距离可达25～35千米。

## ◎ 坦克电气设备

坦克上的电源采用低压直流供电体制，多装有一台功率为10～20千瓦的硅整流交流发电机和4～10块容量达300～600安培小时的蓄电池，T-72坦克还采用了直流的起动-发电两用电机。坦克还各控制系统引入了大量电气、电子部件，有的用电装置还采用了自动程序控制，并开始形成一个信息传输、功率控制、数据处理和故障自检的多路传输的统一控制体系。

# 坦克的火力概述

坦克的火力性能指的是坦克武器对目标构成的毁伤能力，包括火力威力和火力机动性。坦克的火力性能是坦克的重要战术技术性能之一，也是坦克战斗能力的主要体现。

◎ **火力威力**

坦克的火力威力指的是坦克武器在战斗中摧毁和压制各种目标的能力。它是由坦克炮口径、弹丸威力、射击精度、首发命中率、直射距离和发射速度等因素决定的。坦克的火力威力还与火炮类型、弹药基数及其弹种配比、武器射界等有关。

（1）坦克炮口径指的是坦克炮身管的内径，根据口径的大小基本上可以确定火炮威力的大小。由于现代坦克的主要使命是与敌坦克作战，因此，坦克上配用的反坦克弹药的穿甲、破甲能力就成了衡量

坦克火力性能的重要标志。增大火炮口径和弹丸的初速，采用高密度材料的弹芯，增大弹丸的长径比，改进弹头的结构，可提高穿甲弹弹丸威力；提高空心装药的聚能效应，可增强破甲弹弹丸威力。

（2）射击精度是指射弹命中目标的准确程度，包括准确度和密集度。它取决于平均弹着点与目标的吻合程度和射弹散布的大小。影响坦克炮射击精度的因素有炮手的操作熟练程度、火控系统的精度、火炮制造的精度、炮膛磨损和身管弯曲等。

（3）首发命中率不仅取决于坦克炮的射击精度，而且与目标的大小、坦克与目标的距离以及坦克火控系统的精度等因素有关。现代坦克炮一般都有规定的首发命中率要求。

（4）直射距离是指最大弹道高不超过目标高（一般取 2 米）时的射程。在直射距离内，炮手可以不改变表尺而连续进行射击，保证

了对活动目标射击的快速和谁确。

（5）发射速度受装填炮弹的方式、弹药在坦克内配置的位置等因素的影响。实现坦克武器装填弹药的自动化是提高发射速度的重要途径。

◎ 火力机动性

坦克的火力机动性是指武器快

速、准确地捕捉和跟踪目标的能力，包括火控系统类型、精度和反应时间，炮塔回转速度，夜间作战能力等方面的性能。它是坦克火控系统完善程度的反映。

（1）火控系统类型是指坦克采用火控系统的组成、类别及部件的型号。不同类型的火控系统具有不同的性能，比如指挥仪式火控系统能使坦克在行进间对运动的目标进行射击，且具有较高的命中率。

（2）火控系统的精度越高，赋予武器射角时对预定射角产生的偏差范围越小。火控系统的精度是影响首发命中率的重要因素。

（3）火控系统反应时间包括测距、跟踪、瞄准、击发等动作

所需的时间。缩短火控系统反应时间可以先敌开火，提高坦克自身的生存率。

（4）炮塔回转速度包括炮塔最大回转速度和最小回转速度。最大回转速度是坦克炮从一个目标向另一目标转移时快速性的指标。最小回转速度则会影响跟踪远距离低速目标和瞄准精度。

（5）夜间作战能力是指坦克在夜间所具有的搜索、观察、瞄准、命中目标的性能和机动作战的能力。它主要取决于所装备的夜视仪器的性能。

第二章

# 坦克的发展

坦克的发展也经历了很长一段时期，两次世界大战是坦克发展的重要时期，坦克在这段时期内积累了相当多的教训和经验。世界各国在战后都积极总结战争经验并大力发展坦克技术，都希望能研制出性能卓越并且独一无二的坦克，以期在战争中占得先机。

随着科学技术的不断发展，坦克的发展速度越来越快，性能也越来越好。战后和平年代，世界各国加强了科技领域的合作和交流，各国都在积极学习别国的先进技术并加以提高，坦克的更新速度越来越快。虽然现在武器发展越来越高科技化，也出现了很多新式武器，但是在现代以及未来的战争中，坦克仍然会占据主要地位，坦克的发展对战争的成败仍然起到至关重要的作用。

目前现在世界上最先进的主战坦克主要是20世纪80年代以后研制的，其代表有：苏联/俄罗斯的T 72/T-80、美国的M1A1/M1A2、德国的豹2、英国的挑战者2、法国的勒克莱尔、以色列的梅卡瓦4和日本的90式等。这些坦克的战斗全重一般为40~60吨，越野速度35~55公里每小时，最大速度72公里每小时，载有2~4名乘员。坦克的主要武器是1门105~125毫米口径火炮，直射距离一般在1800~2000米左右，射速每分钟7~10发，弹药基数为42~65发。坦克通常采用复合装甲或贫铀装甲，部分还可以披挂外挂式反应装甲，并多数装备了导航系统、敌我识别系统、夜战系统，以及三防系统（防核/防化学/防生物）。

# 世界大战期间坦克的发展

两次世界大战期间，是坦克战术与技术发展思想的探索和实验时期。在此期间，各国都研制装备了多种类型的坦克，轻型、超轻型坦克曾盛行一时，在结构上还出现了能用履带和车轮互换行驶的轮胎-履带式轻型坦克、水陆两用超轻型坦克和多炮塔的中型、重型坦克。这一时期的坦克主要有：英"马蒂尔达"步兵坦克和"十字军"巡洋坦克，法"雷诺"R-35轻型、"索玛"S-35中型坦克，苏T-26轻型、T-28、T-34中型坦克，德PzKpfwⅡ轻型、Ⅳ中型坦克等。德

国坦克在二战时一般装备有大火力优势的88毫米滑膛炮，令盟军坦克无法招架。

这些坦克与早期的坦克相比，战术技术性能有了明显提高：坦克战斗全重9～28吨，单位功率5.1～13.2千瓦/吨，最大速度20～43千米/时，最大装甲厚度25～90毫米；火炮口径多为37～47毫米，炮弹初速610～850米/秒，发射穿甲弹能穿透40～50毫米厚的钢装甲。有的坦克为增强支援火力，安装了75或76毫米口径的短身管

榴弹炮，直至发展出将小口径加农炮、中口径榴弹炮和数挺机枪集于一车的多武器、多炮塔坦克。这些坦克开始采用望远式和潜望式光学观察瞄准仪器、炮塔电力或液力驱动装置和坦克电台，出现了火炮高低向稳定器；推进系统多采用民用或航空用汽油机，固定轴式机械变速箱，转向离合器或简单差速器式转向机构和平衡式悬挂装置。反坦克炮出现后，一些国家为增强坦克的装甲防护，设计了倾斜布置的装甲，并按照各部位中弹的概率分配装甲厚度。

# 坦克的成熟应用

第二次世界大战期间,交战双方生产了约30万辆坦克和自行火炮。大战初期,法西斯德国首先集中使用大量坦克,实施闪击战。大战中、后期,在苏德战场上曾多次出现有数千辆坦克参加的大会战;在北非战场、诺曼底战役以及远东战役中,也有大量坦克参战。与坦克作战,已成为坦克的首要任务。

坦克与坦克、坦克与反坦克武器的激烈对抗,促进了中型、重型坦克技术的迅速发展,坦克的结构形式趋于成熟,火力、机动、防护三大性能全面提高。这一时期的坦克主要有:苏T-34中型、KV-1重型坦克、IS-2重型坦克,德PzkpfwIII式中型坦克、PzkpfwIV式中型坦克、PzKpfwⅤ"黑豹"式中

是尖头或钝头穿甲弹、榴弹，并出现了次口径穿甲弹和空心装药破甲弹，射距500米的最大穿甲厚度约150毫米；装有与火炮并列的机枪，并多装有高射机枪和前机枪；普遍安装了昼用光学观察瞄准仪器和坦克电台、坦克车内通话器，有的坦克采用了火炮高低向稳定器；发动机多为257～515千瓦的汽油机，苏联采用了坦克专用高速柴油机；开始采用双功率流传动装置和扭杆式独立悬挂装置；为提高车体和炮塔的抗弹能力，改进了外形，增大了装甲倾角（装甲板与垂直面夹角），炮塔和车体分别采取装甲钢整体铸造和轧制装甲钢板焊接结构，车首上装甲厚度多为45～100毫米，有的达152毫米，炮塔的最厚部位达185毫米；车内有手提式灭火器，车外装有抛射式烟幕装置

型坦克、PzKpfwⅥ"虎"式重型坦克，美M3、M4中型坦克，英"邱吉尔"步兵坦克、"克伦威尔"巡洋坦克，日本95式、97式中型坦克等。这些坦克普遍采用了安装一门火炮的单个旋转炮塔。

轻型坦克仅在战争的初期有所发展，主要作为应急装备和在特种战斗条件下使用。

中型、重型坦克的火炮口径分别为57～85毫米和88～122毫米，炮弹初速781～935米/秒，主要弹种

或烟幕筒。坦克战斗全重 27～55吨（德国后期的PzKpfwⅥ"虎"Ⅱ式重型坦克达69.4吨），单位功率6.4～15千瓦/吨，最大速度25～64千米/时，最大行程 100～300千米。

战争后半期，苏、德双方都利用坦克底盘生产了大量的自行火炮（可视为无旋转炮塔的坦克），如SU-76、Ⅲ号突击炮、Ⅳ号突击炮。与相同底盘的坦克比较，火炮威力大、外形低矮、结构较简单，适于大量生产。但因其方向射界小、火力机动性较差、突击作战能力弱，仅用于伴随坦克作战，以火力支援坦克行动。在第二次世界大战中，坦克经受了各种复杂条件下的战斗考验，成为地面作战的主要突击兵器。

## 战后坦克的发展

战后至20世纪50年代，苏、美、英、法等国借鉴大战使用坦克的经验，设计制造了新一代坦克，主要有：苏T-54中型、T-55中型坦克、T-10重型坦克和PT-76水陆坦克，美M48中型坦克、M103重型坦克和M41轻型坦克；英"百人队长"中型坦克和"征服者"重型坦克，法AMX-13轻型坦克等。

这一时期的中型和重型坦克战斗全重36～65吨，火炮口径分别为90～105毫米和120～122毫米；车首上装甲厚度76～127毫米，倾角55～60度，铸造炮塔多呈半球形，前部装甲厚度110～200毫米；发动机功率382～596千瓦，单位功率为9～13千瓦/吨；最大速度34～50千米/时，最大行程100～500千米。有的坦克配备了旋转稳定式超速脱壳穿甲弹、破甲弹和碎甲弹，开始采用火炮双向稳定器、红外夜视仪、合像式或体视式光学测距仪、机械模拟式弹道计算机、三

防装置、自动灭火装置和潜渡装
置。

　　轻型坦克重14～23.5吨，乘
员3～4人，火炮口径为75或76毫
米，炮塔装甲最大厚度20～40毫
米，发动机功率176～368千瓦，
单位功率12.6～16千瓦/吨，最大
速度44～65千米/时，最大行程
260～350千米。PT-76坦克在水上
使用喷水式推进装置，最大航行速
度为10.2千米/时。AMX-13坦克采
用了结构新颖的"摇摆式"炮塔，

首次安装了坦克炮自动装弹机，炮
塔上加装有反坦克导弹发射架，可
发射4枚反坦克导弹。

## 坦克的现状

自20世纪70年代以来，现代光学、电子计算机、自动控制、新材料、新工艺等方面的技术成就日益广泛地应用于坦克的设计和制造，使坦克的总体性能有了显著提高，更加能够适应现代战争要求。主要的新型主战坦克有：T-90、T-80、德国"豹"Ⅱ、美M1A2，英"挑战者"2型，法AMX"勒克莱尔"，日本74式、90式和以色列"梅卡瓦"3型、韩国88式、巴西"奥索里奥"、意大利"公羊"、

印度"阿琼"。这些坦克仍优先增强火力，同时较均衡地提高机动和防护性能。

70年代以来的主战坦克，其火力性能、机动性能、防护性能虽有显著提高，但重量和车宽已接近铁路运输和桥梁承载的允许极限，且受地形条件限制大，使之对工程、技术、后勤保障的依赖性增大。由于新部件日益增多，坦克的结构日趋复杂，成本和保障费用也大幅度提高。为了更好地发挥坦克的战斗

效能，降低成本，技术人员在研制中越来越重视采用系统工程方法进行设计，努力控制坦克重量，并提高整车的可靠性、有效性、维修性和耐久性。第二次世界大战后的一些局部战争大量使用坦克的战例和许多国家的军事演习表明，坦克在现代高技术战争中仍将发挥重要作用。

各时期世界各国著名坦克列表：

（1）一战时期

英国：Mk I坦克、Mk II坦克

法国：雷诺FT-17坦克

德国：A7V坦克

（2）二战时期

德国：一号、二号、三号、四号、豹式、虎式、虎II（虎王）

苏联：T-26、BT-7、T-34、KV-1、IS-2、IS-3

日本：八九式、九五式、九七式

美国：M2轻型坦克、M3轻型坦克、M3李格兰特、M4谢尔曼、M26潘兴

英国：马蒂尔达系列、克伦威 90式坦克

尔坦克、A-34彗星、丘吉尔战车　　北朝鲜：天马虎主战坦克

法国：巴塔耶B-1、索玛S-35　　以色列：梅卡瓦主战坦克

意大利：CV33　　（4）现代

波兰：7TP　　美国：M1

捷克：LT-35、LT-38　　俄罗斯：T-90

（3）冷战时期　　英国：挑战者1、挑战者2

美国：M26、M46巴顿、M47巴　　法国：勒克莱尔

顿、M48巴顿、M60巴顿、M41、　　韩国：K1、K2

M551谢理登　　日本：90式坦克、TK-X

苏联：T-44、T-45、T-54、　　中国：99式、MBT 2000、96G式

T-55、T-62、T-64、T-72、T-80　　印度：阿琼主战坦克

德国：豹1、豹2　　意大利：C1公羊坦克

英国：百夫长式、酋长式、蝎
式、维克斯式

法国：AMX-13、AMX-30、
AMX-32

中国：59式坦克、62式坦克

日本：61式坦克、74式坦克、

# 第三章

# 坦克的分类

坦克有很多种分类方法，有按口径分的，如20世纪60年代以前，坦克多按战斗全重和火炮口径分为轻、中、重型。通常轻型坦克重10～20吨，火炮口径不超过85毫米，主要用于侦察、警戒，也可用于特定条件下作战；中型坦克重20～40吨，火炮口径最大为105毫米，用于遂行装甲兵的主要作战任务；重型坦克重40～60吨，火炮口径最大为122毫米，主要用于支援中型坦克战斗。

也有按年代分的，如60年代以后，由于二战时期的坦克逐步退役，新建坦克的现代化程度大大提高，多数国家将坦克按用途分为主战坦克和特种坦克。习惯上把在战场上执行主要作战任务的坦克统称为主战坦克（取代了传统的中型和重型坦克）；装有特殊设备、担负专门任务的坦克，如侦察坦克、空降坦克、水陆坦克、喷火坦克等，统称为特种坦克，多数是轻型坦克（但大部分国家，将支援作战用的轻型坦克，仍保留轻型坦克的称呼）。

还有按坦克用途分的，跟战斗机一样，根据生产年代和技术水平，坦克也被分为三代。从一次大战出现坦克到二次大战中期，主流的坦克类型被称为第一代坦克；二次大战中期到60年代的主流坦克，被称为第二代坦克；60年代~90年代研制的坦克被称为第三代坦克（主战坦克和特种坦克的划分方式也是从第三代坦克开始）。这一章我们主要来介绍一下最常见的坦克分类方法，即按口径分为轻型、中型和重型坦克。

# 现代轻型坦克

　　轻型坦克，顾名思义，就是重量较轻，装甲较薄的坦克。轻型坦克装有直瞄武器，战斗全重不超过25吨，包括侦察、空降、水坦克和坦克歼击车等，主要用侦察、警戒、巡逻、空运和两栖登作战以及反坦克作战等。

　　轻型坦克发端于第一次世界大战，经历了昌盛→衰退→再崛起的马鞍形发展过程。进入80年代以后，为了加强快速部署部队的作战能力，满足局部战争的作战需要，各国都十分重视研制装备新一代高机动、大威力的轻型坦克。美国为提高部队的快速反应能力而大力推行的装甲火炮系统计划，实际上就

是一种轻型坦克发展计划。

轻型坦克中的代表主要有：瑞典Ikv91轻型坦克、巴西X1A2轻型坦克、美国RDF-LT轻型坦克、法国AMX-13轻型坦克、美国M551"谢里登"轻型坦克、美国M41轻型坦克、中国62式轻型坦克、苏联ⅡT-76水陆坦克、英美合

作"维克斯"5轻型坦克、奥地利"骑士"SK105坦克歼击车等。

这里我们主要介绍两种轻型坦克：法国AMX-13轻型坦克和美国M551"谢里登"轻型坦克。

## ◎ 法国AMX-13轻型坦克

该坦克是法国于1946年设计，

1948年完成的第一辆样车，1952年在罗昂制造厂投产而后装备部队。60年代初，坦克转由克勒索–卢瓦尔公司生产。从1953年起，该坦克曾先后出口到10多个国家，到1982年，总产量为3000辆。此外，借用AMX–13底盘改装的

车辆有AMXVCI步兵战车、导弹发射车、155毫米自行榴弹炮、双30DCA自行高炮以及架桥车、抢救车等多种变型。

### （1）总体布置

该坦克车体为钢板焊接结构，前上装甲板有2个舱口，左面是驾驶员舱口，右面是动力传动装置检查舱口。驾驶员舱盖安装3个潜望

镜，中间1个可换成红外或微光驾驶仪。

该坦克采用了FL–10摇摆式炮塔，炮塔位于车后，由上、下两部分组成，下炮塔装于车体上，用一般的滚珠座圈支撑，上炮塔利用耳轴装于下炮塔突起部的槽中，并与火炮刚性连接。因此，炮塔的上部可同炮身一起沿垂直方向运动。该炮塔的优点是可以降低炮塔高度、缩小炮塔座圈直径（座圈直径为1475毫米）。因而也相应减小了坦克的车宽、减轻了重量，同时还便于实现装弹自动化。该炮塔的缺点

是炮塔密封困难、高低射界较小、防弹能力也差。车长位于炮塔内左侧，使用8个潜望镜观察。炮手在其右侧，使用2个潜望镜观察。

**（2）武器系统**

该坦克安装有1门75毫米火炮，火线高1820毫米，有炮口制退器，并采用自动装弹机构。该炮由炮塔后部的2个鼓形弹舱供弹，每个弹舱装有炮弹6发。火炮发射后，空弹壳可经炮塔后窗口自动抛出。火炮配有穿甲弹和榴弹，弹药基数37发，而后期生产的车辆又增加到44发。辅助武器为1挺7.5毫米或7.62毫米并列机枪，机枪弹3600发。炮塔两侧各装有2具烟幕弹发射器。

60年代初，法国还在该坦克的FL-10摇摆炮塔上安装了90毫米火炮。该炮有炮口制退器、热护套等，可发射尾翼稳定脱壳穿甲弹、破甲弹、榴弹、烟幕弹和照明弹。弹药基数34发，其中

21发装在炮塔内、12发装在车体内。辅助武器为1挺7.5毫米或7.62毫米并列机枪，机枪弹4000发。

**（3）推进系统**

该坦克采用雷诺（Renault）公司8Gxb型8缸水冷汽油机，最大功率184千瓦（250马力）。动力传动部分在车体前右部呈Γ形布置，因而车高才2.3米。传动装置采用5档机械式变速箱和克利夫兰（Cleveland）型差速式转向机。悬挂为独立扭杆式，有5对挂胶负重轮，主动轮在前、诱导轮在后。钢制履带板，必要时可安装橡胶衬垫。

**（4）防护系统**

该坦克没有三防装置，也不能涉深水，还未装夜视仪器，因而许多国家在购买AMX-13之后还会增添炮手红外瞄准镜和红外探照灯等。目前，生产的该坦克安装有被动式夜间瞄准镜和夜间驾驶仪、TCV29激光测距仪和战场瞄准自动显示器等。

## ◎ 美国M551"谢里登"轻型坦克

该坦克于60年代初研制，1962

年底制成首批样车并于1963年初交付部队试验，到1967年才部分装备了美国装甲骑兵（侦察）营。1966—1970年，美国总计生产该坦克达1700辆，主要供装甲兵侦察部队和空降师使用，同时也在联合兵种作战时为主战坦克不能展开的地区提供火力支援。1968～1969年间，美国在越南战争中使用该坦克64辆，发现它的发动机传动、悬挂装置及可燃药筒均存在问题。1978年美国宣布除第82空降师继续装备外，其余全部停止使用。

（1）总体布置

该坦克车体用7039铝装甲焊接而成，驾驶舱在前，战斗舱居中，动力舱在后。驾驶员有安装3个M47潜望镜的单扇舱盖，夜间驾驶时，中间1个可换成M48红外潜望镜。炮塔用钢装甲板焊接而成，车长和

炮手位于炮塔内右侧，装填手在左侧。

（2）武器系统

主炮是M81式152毫米火炮/导弹发射管，有双向稳定器，采用液压-弹簧式同心反后坐装置。全炮重607公斤，只占全车重的3.8%，身管长2870毫米，膛线长度为40倍口径，并有导弹发射导引轨以及发射破甲弹的专用摆动式炮闩。该炮既可发射带可燃药筒的普通炮弹，如多用途破甲弹、榴弹、黄磷发烟弹和曳光训练弹等，又可以发射橡树棍反坦克导弹。配用的M409E5式多用途破甲弹全重仅22.2公斤，弹丸重19.0公斤，初速687米/秒，膛压272.44兆帕斯卡，后坐长度380毫米，有效射程约1500米，最大垂直破甲厚度达500毫米，并能起破片杀伤作用。

橡树棍反坦克导弹型号为MGM-51A，重27公斤，全弹长1140毫米，最大飞行速度达200米/秒，射程为200～3000米，最大垂直破甲厚度500毫米。导弹采用目视瞄准、红外自动跟踪、自动指令

消的MBT-70坦克上的主要武器。该坦克还装有1挺M73式7.62毫米并列机枪，指挥塔上安装有1挺M2HB12.7毫米高射机枪，俯仰范围为-15°～+70°。

该坦克车长指挥塔装有10个观察镜，可供环视，此外，车长还使用1个放大倍率为4×的手提式夜间观察装置。炮手使用1个M129望远镜和1个顶置式M44红外昼夜瞄准镜，前者放大倍率8×，视场8°，后者放大倍率白天为1×，夜间为9×，视场为6°。车外主炮左侧安装有1个红外探照灯。

（3）推进系统

该坦克采用通用汽车公司的

制导方式。

该坦克弹药基数为导弹10枚，炮弹20发。类似M81式152毫米火炮/导弹发射管的主要武器系统后来也作为M60A2坦克和1970年被取

6V-53T型2冲程6缸水冷涡轮增压柴油机，最大功率为221千瓦（300马力），传动装置为TG-250型带液力变矩器和闭锁离合器的液力机械传动，有4个前进档和2个倒档。变速箱体由铝-镁合金材料制成。转向时，第二、三、四档具有相应固定的转向半径，第一和倒档可实现原位转向。

坦克行动部分有5对负重轮，主动轮后置，诱导轮前置，无托带轮。负重轮为中空结构，以增加浮力。第一、五负重轮安装了液压减振器。该坦克采用销耳挂胶的铸钢履带板，履带的宽度大，车辆的单位压力仅48.1千帕斯卡，车底距地高482毫米，且履带前端超出车首，这使坦克具备了较好的越野能力。

坦克的制式设备包括加温器、炮塔顶的抽气风扇、灭火装置和三防装置等。

# 现代中型坦克

## ◎ 美国M4"谢尔曼"中型坦克

美国的M4中型坦克是二战中后期的著名坦克，也是二战中生产数量最多的坦克，总生产量达到了49234辆，比苏联的T-34坦克生产数量还多。在二战后期的坦克战中，M4坦克发挥了重大的作用，因而在世界战车发展史上占有重要的地位。

威廉·谢尔曼本是美国南北战争期间北军（联邦军）的一员战将。以著名将军来命名坦克是美军的习惯作法，如"格兰特"、"巴顿"坦克，"布雷德利"步兵战车等。"谢尔曼"坦克的真正代号是M4，它与M3坦克几乎同时开始研制，被称为"两兄弟"。但作为弟弟的M4坦克名气要远远大于哥哥M3坦克。M4与M3有许多相似之处，从底盘布局到发动机，二者几乎一模一样。二者最大的区别是在

有代表性，这种坦克的战斗全重31.55吨，乘员5人，装一门75毫米火炮，并有火炮高低稳定器，装甲厚度15~100毫米，动力装置为一台368千瓦的水冷汽油机，采用小负重轮和水平螺旋弹簧悬挂装置，最高速度可达42公里/小时。

1942年初，M4坦克正式列装。凭借在战场上的出色表现，它很快赢得了坦克手们的青睐。根据"租借法案"，英国　　　　　等

炮塔上，M3坦克火炮装在炮座内，而M4坦克的火炮装在旋转炮塔上，这样不仅可以大大提高火力的灵活性，而且有利于均匀增加装甲厚度，从而提高坦克的防护性能。正因为如此，M4坦克的综合性能要远远高于M3坦克。

M4坦克的型号十分庞杂，仅是美国官方公布的M4系列的改进型就不下50种，从而构成了庞大的"谢尔曼"家族。这些家族成员间的区别主要体现在：有的采用铸造车体，有的采用焊接车体，有的发动机型号不同，有的火炮口径不同等等。其中，M4A3坦克较

美国的盟国也要求租借这种坦克。为此，美国庞大的汽车工业纷纷转

产，生产坦克。仅1943年一年，美国就生产各型坦克近3万辆，其中M4坦克占相当大比重。

二战中、后期，M4坦克在反法西斯战场上发挥了重要作用。在欧洲战场上，虽然M4坦克在与德军重型坦克的较量中还有些力不从心，但它的数量多，可以以量补质。在太平洋岛屿争夺战中，美军的M4坦克则出尽了风头，日军的97坦克根本不是它的对手。

第二次世界大战后，许多从美军退役的M4坦克成了一些中、小国家军队的宝贝，"谢尔曼"遍及世界各地。直到今天，它仍在某些国家发挥着作用。M4坦克与苏联的T—34一样，在世界坦克发展史上占有重要的地位。

**（1）总体布置**

M4谢尔曼坦克非但不是一款拙劣设计，相反还具备许多优点和当时最先进的技术。首先，M4谢尔曼是二战中性能最可靠的坦克，其动力系统的坚固耐用连苏联坦克都逊色几分，德国坦克更是望尘莫及。德国虎豹坦克每隔1000公里里程就需要大修一次，坦克必须运回工厂大修，而谢尔曼坦克只需要最基本的野战维护就足够了。性能可靠，故障极少，

使美军坦克的出勤率大大高过了德军坦克。

谢尔曼坦克的生产设计大概也是二战时期最优秀的。美国研制生产坦克的厂家是通用、福特、克莱斯勒等汽车厂，采用的是亨利–福特倡导的生产线原理，因此能够大批量生产，并且大幅度降低成本。美国二战期间总共生产了各种装甲战车28.7万辆，其中包括将近5万辆M4谢尔曼坦克。最有趣的是，谢尔曼坦克的尺寸是参照美国"自由轮"

的船舱设计的，非常便于远洋运输。看来美军对后勤的重要性理解得已经非常透彻了。

谢尔曼坦克还拥有几项世界领先技术。首先，炮塔转动装置是二战最快的，转动一周只需要不足10秒钟。其次，谢尔曼还是二战唯一装备了火炮垂直稳定仪的坦克，能够在行进当中瞄准目标开炮。谢尔曼的500马力汽油发动机也是二战最优秀的坦克引擎之一，使谢尔曼坦克具有47公里的最高公路

时速。这些优点都很有助于机动作战。

1942年春天，谢尔曼坦克首次出现在北非战场。当时隆美尔非洲兵团装备的坦克依然是过时的3

型、4型和38t型，于是谢尔曼坦克拥有了无可置疑的战场统治权，英军便在阿拉曼战役中大量使用了谢尔曼坦克。战役以后，隆美尔写道："敌方的新式谢尔曼坦克，比我们所有的型号都要先进。"

（2）武器系统

谢尔曼坦克上装备了一门M3型75毫米L/40加农炮，这门炮使用的高爆弹相当出色，但穿甲弹就非常平庸了。谢尔曼主炮能够在1000米距离上击穿62毫米钢板，穿甲能力

比苏联T-34早期型号的76毫米L/42主炮还要逊色一些，跟德军现役的75毫米48倍和70倍身管火炮相比就差距悬殊了，更何况88毫米炮。

M4A3改进型换装了一门75毫米53倍身管火炮，1000米距离上的穿甲能力增强到89毫米，却依然比德国虎豹差一个档次。大量的证据表明，谢尔曼坦克在数百米到数十米不等的距离向德军坦克开火，他们可以清楚地看到发射的炮弹在德国坦克装甲上反弹，飞到几百米的空中。

（3）防护系统

谢尔曼坦克的正面和侧面装甲厚50毫米，正面有47度斜角，防护效果相当于70毫米，侧面则没有斜角，防护效果总体较差，比如德军4G型坦克在1000米以外，虎豹坦克在2000米以外，就能击穿它的正面装甲。雪上加霜的是，谢尔曼坦克外型线条瘦高，早期型号高2.8米，改进型号高3.4米，行进在战场上如同招摇过市，是德军坦克的最佳目标。

和德国人的坦克一样，谢尔曼坦克装备的也是汽油发动机，而且也非常容易起火爆炸，这个弊病使谢尔曼坦克获得了"朗森打火机"的绰号，因为这个打火机的广告词很有趣，是"一打就着，每打必

师的伤亡如此惨重，导致出现了没有足够的坦克兵装备坦克的局面，许多仓促上阵的坦克只有3个乘员，而不是规定的5人。

谢尔曼坦克的机动性很好，从大量的德军"虎"、"豹"被从侧翼击毁的情况可以看出，除数量巨大外，谢尔

着。"西线流传着各种各样谢尔曼坦克被击毁的故事，甚至还有德国坦克一发炮弹贯穿两辆谢尔曼坦克的战例或炮弹穿透房屋砖墙击毁谢尔曼坦克的战例。

美军第3装甲师登陆诺曼底时拥有232辆谢尔曼坦克，到战争结束，这个师共有648辆谢尔曼被击毁报废，另有700辆被击伤，修复以后重上战场，战损率高达580%。诺曼底战役中，美军第2装甲师在两天里就损失了57辆谢尔曼坦克，伤亡363人。而此时正值阿登战役前夕，由于美军装甲

曼坦克的机动能力还是相当不错的。为了减少谢尔曼与德军坦克在火力上的差距，英国人独自将谢尔曼坦克的炮塔稍加改装，就成了盟军唯一能够与德国坦克火力对抗的

谢尔曼"萤火虫"坦克。

## ◎ 德意志"军马"——Pzkpfw-Ⅳ型中型坦克

Perzf-Ⅳ型坦克（PzkpfwⅣ）即Ⅳ号坦克，为二战德军装甲部队的主力武器之一，是战争期间唯一保持连续生产的坦克。希特勒于1934年下令开始研制装备75毫米火炮的Ⅳ号坦克，研制目的主要是作为对轻型坦克的火力支援。1937

年10月，第一辆A型坦克出厂，战前Ⅳ号坦克的A、B、C型仅有小批量生产，大多用于测试和训练，但波兰战役中的部分参战坦克受到部队的高度赞誉。1939年10月D型投产，成为最初的生产型。1940年E型投产，1941年F型（F1）投产。Ⅳ号坦克F1型之前主要武器皆为短身管的75毫米火炮，至苏德战争开始时，Ⅳ号坦克装备数量不过数百。

战争开始后，面对苏联新型的T-34和KV-1坦克，德国性能最好的Ⅲ、Ⅳ号坦克也大为逊色。短管坦克炮穿甲能力严重不足，相当部分反坦克任务只能依靠步兵火力完成。而且德国坦克的装甲薄弱，难以抵挡苏联步兵反坦克武器攻击。但德国坦克战术运用出色，加上良好的步坦协同，使其能够避实击虚，在战争初期取得

战役中遭受惨败。

而后，德国人除开始研制新型的"虎"式和"黑豹"式坦克外，也开始对Ⅲ、Ⅳ号坦克大加改进。首先Ⅳ号坦克F1型改装长身管75毫米火炮，成为F2型，然后1942年G型投产。两种型号坦克增强了装甲，火力也大为加强，勉强可对抗T-34/76。此外Ⅳ-F2型也运至隆美尔的非洲军团，该坦克火力强、结构好，是当时非洲战场德意军队最倚重的装备。

1943年H型和J型投产，进一

了很大战果，此外苏联各级军事指挥的无能也促成了这一结果。尽管如此，Ⅳ号等坦克的性能劣势仍是无法回避的，随着苏联红军战术指挥能力的逐步恢复，德国在莫斯科

步提升了火力和防护，产量均超过3000辆，在数量上逐步取代Ⅲ号坦克成为德军装甲部队的主力。在斯大林格勒、库尔斯克、西西里岛、诺曼底、阿登等战役中，Ⅳ号坦克一直是冲锋陷阵的主力之一。由于德国生产能力不足，因此结构简单、性能稳定的Ⅳ号坦克一直保持了批量生产，以弥补德军"虎"式、"黑豹"式数量的不足。整个战争期间，Ⅳ号坦克总产量达8000辆以上。

此外，Ⅳ号从战争初期开始就推出变形车，包括旋风式自行高炮、野蜂式150毫米自行榴弹炮、熊式155毫米自行榴弹炮等。最重

坦克，由车体和炮塔两部分组成。车体由装甲钢板和铸造装甲部件焊接而成，并带有加强筋，前部是驾驶舱，中部是战斗舱，后部是动力舱（发动机和传动装置）。驾驶员位于坦克左前方，其舱口盖上装有1个M13潜望镜，后来某些国家在M47坦克上加装了1个M19红外驾驶潜望镜，以提高夜间作战能力。航向机枪手位于驾驶员右侧，两人共用1个安全门和1个出入舱口。铸造炮塔位于车体中

要的当属以Ⅳ号底盘发展的驱逐战车，由于其安装了75毫米和88毫米反坦克炮，简称"Ⅳ驱"。这些变形车数量达2859辆，在各个战场的德军装甲兵团、装甲炮兵以及步兵部队中都有广泛使用。

战后，一些Ⅳ号坦克以及Ⅲ突、Ⅳ驱等被叙利亚等国购买，参加了早期的中东战争，到1967年仍可在戈兰高地战场看到Ⅳ号的身影。

## ◎ 美国M47中型坦克

该坦克是传统的炮塔型

央，车长和炮长位于炮塔内火炮右侧，装填手在左侧，炮塔内后顶部装有带圆顶罩的通气风扇，装填手舱盖前部装有1个M13潜望镜。部分M47坦克还装有M6推土铲。

该坦克的主要武器是1门M36式90毫米口径火炮，该炮采用立楔式炮闩，炮口装有T形或圆筒形消焰器，有炮管抽气装置。炮架为M78型炮架，由防盾和液压同心式反后坐装置组成。炮塔可360°旋转，火炮俯仰范围是−5°~+19°，

有效反坦克射程是2000米，能发射如穿甲弹、榴弹、教练弹和烟幕弹等多种炮弹，炮管寿命是700发。在主炮左侧安装有1挺7.62毫米M1919A4E1式并列机枪，车首装有相同型号的航向机枪，在炮塔顶部装有1挺12.7毫米M2式高射机枪。该坦克是美国安装航向机枪的最后车型。

车载71发90毫米炮弹，其中11发装在炮塔尾舱内待用。某些国家的M47坦克取消了航向机枪，使

炮弹基数增至105发，可选用多种炮弹，包括M82曳光被帽穿甲弹，XM581E1曳光杀伤弹，M77曳光穿甲弹，M318曳光穿甲弹，M394空包弹，M336和M337榴霰弹，M12模拟弹，M71和M71A1榴弹、碎甲弹，M348A1尾翼稳定破甲弹，M431破甲弹，M304、M332A1、M333A1和M317曳光高速穿甲弹，M353教练弹，M313黄磷发烟弹以及比利时或以色列研制的新式90毫米尾翼稳定超速脱壳穿甲弹等。

该坦克火控系统简单，车长和炮长各有1具M20潜望式观察瞄准镜，但炮长的瞄准镜安装位置较低。M20潜望镜内装有两套光学系统，一套是广角观察镜，放大倍率为1×；另一套可实施远距离目标测距和瞄准，放大倍率是6×。炮塔内前部装有由炮长操纵的1个M12体视弹道计算测距仪，通过调节各个按钮，可以完成选择炮弹、修正弹道、目标测距和跟踪、火炮瞄准和射击等项动作。

## ◎ 中国69式中型坦克

69式坦克是我国在59式坦克基础上自行改进设计的中型坦克，

1963年下达设计指标，1964年完成设计，1965年生产出样车，1974年设计定型。车上安装了100毫米滑膛炮、426千瓦（580马力）发动机、双向稳定器及红外夜视夜瞄装置等。该坦克在火力和机动性以及夜间作战性能方面均比59式坦克有所提高。

该坦克的主要武器是100毫米滑膛炮，身管长5450毫米，身管中段有抽气装置，驻退机和复进机并列布置在火炮上方，可以发射尾翼稳定脱壳穿甲弹、破甲弹和榴弹，

脱壳穿速为1490米/秒，火炮最大射速为7发/分。辅助武器有1挺安装在炮塔顶部的12.7毫米高射机枪、1挺安装在火炮右侧同轴的7.62毫米并列机枪和1挺安装在驾驶员右前方的7.62毫米前机枪。

该坦克的火控系统包括激光测距仪、炮长夜间瞄准镜、车长昼夜观察指挥镜和1969年式100毫米滑膛坦克炮炮长瞄准镜。激光测距仪的测距范围为300～5000米，测距精度±10米，重复频率7次/分。炮长夜间瞄准镜为主动红外式，放大

倍率为7×，视界为6°，视距（发现目标）800米，红外灯功率为500瓦。车长昼夜观察镜放大倍率昼间为5×，夜间为6×，视界昼间为12°，夜间为8°，夜间视距400米，红外灯功率为200瓦。其他观瞄装置与59式中型坦克相同。该坦克安装了双向稳定器，稳定精度高低向±1密位，水平向±3密位，瞄准速度高低向0.07～4.5°/s，水平向0.09～15°/s。

该坦克采用V型12缸水冷柴油机，标定功率426千瓦（580马力），标定转速2000转/分，最大扭矩2453±98牛·米，最大扭矩转速1300～1400转/分，最低稳定转速不大于500转/分。燃油消耗率不大于238g/kW·h（175g/马力·h），机油消耗量不大于8.16g/kW·h（6g/马力·h），冷却系和润滑系采用管带式散热器，燃料系统采用弹架油箱，总容量为935升。传动装置采用固定轴式变速箱，有5个前进档和1个倒档，并采用多片干式离合器、二级行星式转向机和单对外啮合直齿轮侧减速器。行动装置采用扭杆悬挂装置，每侧有5个钢制负重轮，在左、右侧第一和第五负重轮位置各装1个液压减振器。采用单销式金属履带板，每侧91块。

该坦克的装甲防护与59式相同，采用均质钢装甲，铸造炮塔，车内携带半自动型灭火瓶3个，手提灭火器1个，车上装有电点火烟幕筒2个。该坦克的通信设备包括1部A-220A型电台和1套A-221A型车内通话器，车内装有1台6千瓦的GFT 6000型硅整流发电机。

## ◎ 中国79式（69-Ⅲ式）中型坦克

69-Ⅲ式主战坦克是中国北方工业公司在69-ⅡM式中型坦克基础上，同时吸收了59-Ⅱ部分改进项目发展而来的新型坦克，也被称为79式主战坦克。该型坦克也是中国在改革开放后引进西方国家先进技术改进国产坦克的首次尝试。79式坦克上共引进国外3项新技术，同时增加国内42项新技术。

69-Ⅲ式（79式）坦克于1981年改装成功初样车，1983年生产2台正式样车，随后进行了各种性能试验，如道路行驶试验、激光测距仪性能试验、实弹射击试验、电磁干扰试验和夜视视距摸底试验等。此外，按照装甲兵的要求，69-Ⅲ式坦克还进行了行程1000公里的冬、夏季环境试验。整个试验证明该坦克达到了战技术指标要求，1984年进行首批生产。同年10月1日，69-Ⅲ式参加了国庆35周年大阅兵。1986年1月国家军工产品定型委员会批准设计定型，并命名为"79式中型坦克"。与69式相比，79式主战坦克在火力、火控系统、

特种防护、通信、防二次杀伤效应等方面均有重大提高，使用方便性和零

件耐久性也有显著改善，其中某些项目已具有国际先进水平。

79式坦克的火控系统为带数字式弹道计算机的TSFCS型简易火控系统，系统反应时间不超过10秒。这种火控系统可用于昼间或夜间短停对运动目标精确瞄准射击，在1000米距离上的首发命中率达80%以上。79式坦克的夜视器材性能有了很大改进，它用二代被动微光夜视器材取代了69式坦克的红外夜视器材，如炮长

配装了微光夜视瞄准镜，车长配装了微光夜视观察镜，驾驶员配装了微光夜视仪，从而大幅提高了坦克的夜战能力。

在防护方面，79式坦克仍以装甲防护为主，但加装了带滤毒罐和增压风扇的集体三防系统和自动灭火抑爆系统。集体三防系统的探测警报器探测到伽玛射线或化学毒剂时，能立即发出报警信号，并自动关闭坦克上的所有

门窗，增压风扇开始工作，使车内形成超压，阻止污染空气进入车内。自动灭火抑爆系统能够在10毫秒内探测出火源，并能在60毫秒内扑灭火点，避免发生"二次杀伤效应"。

# 现代重型坦克

现在世界上最先进的主战坦克大都是80年代以后研制的，其代表有：德国的鼠式坦克、苏联/俄罗斯的T-72/T-80、美国的M1A1/M1A2、德国的豹2、英国的挑战者、法国的勒克莱尔、以色列的梅卡瓦和日本的90式等。

这些坦克的战斗全重一般为40～60吨（鼠式坦克除外），越野速度35～55公里每小时，最大速度72公里每小时，载有2～4名乘员。坦克的主要武器是一门105～125毫米口径火炮，直射距离一般在1800～2000米左右，射速每分钟6～9发，弹药基数为39～60发。通常采用复合装甲或贫铀装甲，部分还可以披挂外挂式反应装甲，并多数装备了导航系统、敌我

识别系统、夜战系统，以及三防系统（防核/防化学/防生物）。

## ◎ 德国的鼠式坦克

最重的坦克是二次世界大战期间德国制造的鼠式坦克。它比现代坦克重三、四倍，达188吨，车长9米，高3.66米，宽3.67米，正面装甲厚达200毫米，能爬30度斜坡，跨越4.5米壕沟，攀登0.72米的垂直障碍，并能涉2米深的

水，有8名乘员。坦克上装有150毫米火炮和两挺机枪。轻型坦克只有10~20吨，多为水陆两用坦克，装有85毫米口径的火炮，主要供空降或陆战队使用。

## ◎ 俄罗斯的T-80主战坦克

在苏联当局中止重型坦克的发展后，科京领导的第二特别设计局另辟蹊径，开始采用燃气涡轮发动机作为新型坦克的动力。60年代中期推出的T-64T实验型坦克，装备了两台257.36千瓦的燃气轮机。第

二设计局以此为基础发展出Ob.219，成为新一代坦克的雏形。经过一系列测试，苏联陆军于1976年采用经改进的Ob.129，定名为T-80坦克。T-80坦克从技术水平上超越了刚服役不久的T-72和T-64，配备了全新的传动系统、燃气轮机、悬挂系统、负重轮和履带，主炮和火控也得到了进一步改进。

T-80初期型由于采用了过多的新技术，造成可靠性极差。尤其是耗油的GTD-1000燃气轮机，寿命据说只有500小时。1978年推出的T-80B，已经解决了多数问题，性能趋于稳定，成为苏联80年代的装甲主力。T-80服役后，优先装备了东德境内的苏联一线坦克师。

T-80主战坦克战斗全重42吨，乘员3人，总体布置和T-64、T-72基本相似，包括武器系统、火炮和装甲技术等重要项目，也和T-64、T-72系列基本一脉相承。

T-80车体由钢板焊接而成，重要部位安装有陶瓷复合装甲，车首上装甲材质和厚度和T-72大致相同。T-80仍采用苏联传统的铸造炮塔，与T-64 Б坦克一样，T-80坦克的炮塔前半圈和车体的前上装甲部位装有附加反应式装甲。T-80炮塔部位的反应式装甲安装结构形式与T-64 Б坦克不同，T-80为上下两排，两排呈朝前的尖角形布置，T-64为双排下倾式布置，其中上排有两层，下排为一层。炮塔前部顶上也布置有反应式装甲，可对付顶部攻击武器。此外，T-80还配备了

超压式集体防护装置，具有良好的三防能力。

T-80的主要武器为2A46式125毫米滑膛炮，炮管上装有与T-72B坦克2A46火炮相同的热护套和抽气装置。该炮可以发射尾翼稳定脱壳穿甲弹、尾翼稳定破甲弹和榴弹3种普通炮弹，均为分装式弹药，此外还具有发射9K112型炮射导弹的能力。125毫米炮由自动装弹机供弹，结构和T-72相同。辅助武器为1挺7.62毫米ПКТ式并列机枪和车长指挥塔上的1挺HCBT式12.7毫米高射机枪。烟幕弹发射装置安装在

125毫米火炮两侧的炮塔反应式装甲之后的位置。

T-80坦克的火控系统比T-64坦克更先进，与T-72基本相同，配备先进的激光测距仪和弹道计算机，但仍采用主动红外夜视仪，因此夜战能力比同时期的西方坦克差。

T-80坦克最重要的技术变革就是其动力系统。它安装有一台GTD-1000T型燃气轮机，是苏联第一种采用燃气轮机的主战坦克，发动机标定功率约为724千瓦（985马力）。由于燃气轮机体积和耗油量较大，使得T-80车体比T-64长了约

1米，得以容纳发动机和油箱，但战斗重量仍维持在42吨左右，机动性能较上一代坦克有了极大改善。为搭配新的动力系统，T-80坦克改用新的扭杆悬挂系统。新系统省略了液压减震器，配备了新型履带和新型轮缘挂胶铝合金负重轮，新负重轮比T-72所用的小。

## ◎ 美国的M1A1/M1A2

美国和联邦德国联合研制MBT-70主战坦

克于1969年底搁浅。

随后美国在MBT-70基础上开始研制新的XM803坦克，但仍因结构复杂，成本过高，又于1971年底被国会否决。

在两个计划被相继取消后，美国陆军随即于1971年展开研制XM1坦克的计划。1973年6月陆军分别与通用和克莱斯勒两大公司签订了研制样车合同。两公司均于1976年初推出一辆原型车，经测试与评估，克莱斯勒的设计中选。为纪念原陆军参谋长，二次大战中著名的装甲部队司令格雷夫顿W·艾布拉姆斯（Greighton W.Abrams）将军，特把该坦克命名为"艾布拉姆斯"主战坦克。

克莱斯勒公司中标后，于1978年制造出第2批11辆原型车供测试，1979年生产110辆先期批量生产型。第2批原型车经过若干性能测试，改进了一系列问题。1981年2月，美国陆军正式采购7058辆M1，

1984年订单追加至7457辆。首辆M1于1981年开始服役。

M1基本型生产了2374辆（其中894辆为强化装甲的M1-IP型，于1984年底推出）。第二阶段批量生产型定名为M1A1，火力和防护大幅提升，产量为5415辆；1990年推出最新的M1A2型，国内生产订单不多，主要是将基本型和A1型改进升级到A2型。

由于M1坦克在海湾战争中表现优异，战后沙特阿拉伯和科威特分别采购了315辆和218辆M1A2型。此外，1988年4月美国国会同意埃及特许生产565辆M1A1坦克以装备埃及陆军。

## ◎ 德国的豹2

豹2的坦克车体由间隙复合装甲制成，分成3个舱：驾驶舱在车体前部，战斗舱在中部，动力舱在后部。驾驶员位于车体右前方，有1个向右旋转开启的单扇舱盖和3具观察潜望镜，其中中间1具潜望镜可以更换成被动夜视潜望镜。驾驶舱左边的空间储存炮弹。炮塔在车体中部上方，车

长和炮长位于右边，装填手拉于左边。炮塔后部有1个可储存一部分炮弹的大尾舱；炮塔顶上有两个舱盖，右边一个是车长舱盖，左边一个为装填手舱盖；炮塔左边有1个补给弹药用的窗口。

该坦克的主要武器是莱茵金属公司研制的120毫米滑膛炮，炮管长5.3米，用电渣重熔钢制成，装有热护套和抽气装置，设计膛压为710兆帕斯卡，实际使用膛压为500兆帕斯卡（5500公斤f/cm2）。炮管系用自紧工艺制造，内膛表面经镀铬硬化处理，从而提高了炮管的疲劳强度、磨损寿命和防腐蚀能力。炮管寿命为650发（标准动能弹）。整个火炮系统带防盾重4290公斤，不带防盾重3100公斤（包括炮管、热护套、抽气装置和炮闩），炮管重1315公斤。最大后坐距离为370毫米，一般后坐距离为340毫米。

120毫米滑膛炮配用尾翼稳定脱壳穿甲弹和多用途破甲弹两种弹药。车上装42发弹，其中27发储存在驾驶员左边的车前部分，15发储存在炮塔尾舱里。DM13尾翼稳定脱壳穿甲弹是120毫米火炮的主弹种，由弹丸、可脱落弹托和钢底半可燃药筒构成。弹丸由弹套、尾

底火,在周围一圈开有径向孔,使点火时间从22毫秒缩短为5毫秒。半可燃药筒由惰性纤维、硝化棉、二苯胺、树脂等混合制成,内装发射药、底火和缓蚀添加剂衬套。为防止药筒受潮和微生物侵蚀,在药筒上涂有一层油膜。DM23弹是于1983年采用的联邦德国第二代尾翼稳定脱壳穿甲弹,其整体式钨镍合金弹芯的直径为32毫米,长径比为14∶1。

该坦克的弹药与美国M1A1坦克的弹药通用。

翼、弹芯和装在弹底的曳光装置组成的弹芯直径为38毫米、长径比为12∶1。弹芯为外部套有钢套的钨弹芯。该穿甲弹的初速约为1650米/秒,最大有效射程为3500米。DM12多用途破甲弹具有破甲和杀伤双重作用,初速为1143米/秒。该弹为尾翼稳定弹,短尾翼用铝合金挤压制成,经表面热处理,可承受500兆帕斯卡以上的膛压;采用了压电引信;改进了点火装置,将原来的单孔底火改成多孔

该坦克的辅助武器有两种,一种是莱茵金属公司的MG3A1式7.62毫米并列机枪,安装在120毫米火炮左侧,射速为1200发/分;另一种是安装在装填手舱盖环形支架上的MG3A1式7.62毫米高射机枪,用于防空,高低射界为-10°~+75°。该坦克上

载有7.62毫米机枪弹4754发，其中2000发储藏在炮塔里。

车长有1个向后开启的圆舱盖和可360°观察的潜望镜，舱盖前装有1个PERI-R17型稳定的周视主瞄准镜，该镜有2×和8×两种放大倍率。炮长有1个双放大倍率的稳定式EMES 15型潜望式瞄准镜，其中包括激光测距仪和热成像装置。装在EMES 15型瞄准镜中的热像仪能使火炮在夜间或不良天气下对伪装的目标进行瞄准和射击。炮长还有1个辅助的FERO-Z18型望远式单目夜间瞄准镜，放大倍率为8×。在夜间，车长用与炮长EMES 15型瞄准镜相连的热成像

瞄准镜观察战场。EMES 15瞄准镜的图像可以传给车长的PERI-R17型瞄准镜，使车长也能看到同炮长相同的图像。此外，车长还可以通过计算机控制的测试台控制检测系统RPP 1-8自动地监视火控系统的工作情况。炮长的EMES 15型双目稳定式三合一主瞄准镜的反射镜头

是双向稳定的，其昼间通道的放大倍率为12×，视场为5°。

该坦克样车原采用蔡斯（Zeiss）公司的EMES 12型体视、激光测距仪，生产型车采用美国休斯（Hughes）公司专利的钇铝石榴石激光测距仪，并与EMES 15型炮长主瞄准镜组合为一体。激光测距仪最大测量距离为9990米，精度±10米，测得的距离、火力准备和所选弹种的数据都显示在炮长瞄准镜下部。火控计算机由通用电气德律风根（AEG-Telefunken）公司的FLER-H型混合式计算机发展为在第五批豹2坦克上安装的数字式电子计算机。该计算机可计算瞄准角和火炮横向提前角，涉及的参数有目标距离、车辆倾斜角、目标的运动方向、横风和弹道数据等。火控计算机计算了这些参数后将控制信息送入武器随动系统，后者将武器与炮长的EMES 15或车长的PERI-R17型瞄准镜的瞄准线对准。炮长还有1个安装在炮塔顶部的观察潜望镜，装填手有1个单目观察潜望镜。

## ◎ 英国的挑战者

由FV4030/3（伊朗狮2）型坦克发展来的挑战者坦克的总体布置与奇伏坦主战坦克相似，驾驶舱在车体前部，战斗舱在车体中部，动力舱在车体后部，车体和炮塔均采用乔巴姆装甲。驾驶员座位在车体前部中心位置，他有1个单扇舱盖，舱盖可向上升起并向前水平旋转；有1个广角潜望镜，夜间可换成皮尔金顿（Pilkington）公司的PEBadger被动式夜视潜望镜。驾驶舱与战斗舱相通，驾驶员可以经通道进入战斗舱和离开坦克。炮塔在车体中部，内有3名乘员，车长在火炮右边，炮长在车长前下方，装填手在火炮左边。车长和装填手各有1个舱口盖，后者为双扇结构，向前向后对开，在其前面装有1个放大倍率为1×的旋转潜望镜。

挑战者坦克的主要武器是1门L11A5式120毫米线膛坦克炮，但以后的车型将安装1门XL30式高膛压线膛坦克炮。XL30式坦克炮由诺丁汉皇家兵工厂（RoyalOrdnanceNottingham）研制，从前称之为EXP32M1式火炮。

该炮炮管上装有热护套、抽气装置和炮口校正装置，炮身用新型电渣重熔钢制成，炮尾闭锁机构采用新型结构，可以承受高膛压。炮管寿命为500发全装药弹（EPC），在内膛磨损量达到极限值前不会因材料疲劳而报废。炮尾寿命是身管寿命的10倍。

该坦克的辅助武器为1挺与主要武器并列安装的7.62毫米L8A2式机枪和1挺安装在车长指挥塔上的7.62毫米L37A2式高射机枪。

该坦克炮可以发射L15A4式脱壳穿甲弹、L20A1式脱壳弹、L31式碎甲弹、L32A5式碎甲教练弹、L34式白磷发烟弹和新研制的L23A1式尾翼稳定脱壳穿甲弹。该坦克上有存放42个药筒和64个弹丸的位置，每个药筒位置可放1发脱壳穿甲弹或者2发碎甲弹或发烟弹药筒。一种典型的混合储存弹药方式是20发脱壳穿甲弹和44发碎甲弹或发烟弹。

该坦克采用马可尼指挥和控制系统（MarconiCo毫米 andandControlSystems）公司研制的改进型火控系统（ImprovedFire-ControlSystem-

IFCS），该系统是为奇伏坦坦克第二阶段改进设计的，重点在于提高坦克的夜战能力和改进车长指挥塔。

改进型火控系统的主要目标是大大缩短从捕捉目标到射击所需的反应时间、赋于火炮对3000米固定目标和2000米活动目标射击的较高的首发命中率。该系统跟踪水平目标的速度为30密位/秒，高低向跟踪速度为10密位/秒，炮塔水平向回转速度为0.2～480密位/s，火炮高低向俯仰速度为0.2～200密位/s。

整个火控系统由数据处理子系统（DHSS）、瞄准子系统（TLS）、传感器子系统和火炮控制装置（GCE）等部分组成。数据处理子系统包括马可尼公司制造的12-12P型数字式计算机及接口、车长控制与监视装置和车长/炮长射击手柄等部件。瞄准子系统也叫坦克激光测距瞄准装置，激

光测距仪的测距范围为300~10000米，精度为±10m。传感器子系统可以测定目标的运动角速度、火炮耳轴倾斜角度、风速、气压和气温。火炮控制装置受控于计算机。

车长有1个放大倍率为1×的37号昼间瞄准镜和兰克·普林（RankPullin）公司的像增强夜视瞄准镜。早期型号的挑战者坦克还装有兰克·普林公司放大倍率为5×的37号夜间瞄准镜（SS120），车长借助该镜可进行夜间监视、捕捉目标和瞄准。37号可更换式瞄准镜是英国国防部授予巴尔和斯特劳德公司研制的热像监视仪与火炮瞄

准镜（也叫热像观察与射击瞄准镜TOGS）的一种过渡办法。为了能安装该系统，已经对炮塔进行了再设计。炮塔右侧装甲壳体内的单个热像仪可分别为车长和炮长提供一般观察的输出信号，或者作为火炮瞄准镜使用。此外，在车长指挥塔上还设有9个潜望镜，可为车长提供周视能力。炮长有1个10号MK1型潜望式坦克激光测距瞄准镜，有1×和10×两种放大倍率，视场为8.5°；还有1个87号应急潜望瞄准镜放在装甲壳体中，但可以迅速展

开并与火炮的基准调准。与奇伏坦坦克的普通望远镜不同，该镜是从炮塔顶上的装甲舱盖上方投影，这样可以避免破坏炮

塔正面装甲的完整性。

　　该坦克的热像观察与射击瞄准镜的第二批热像仪通用模块于1983年年底开始交货，由兰克·泰勒·霍布森（RankTaylorHobson）公司提供红外搜索模块，马可尼航空电子工程（MarconiAvionics）公司提供运算电子设备。新生产的和早期生产的挑战者坦克都已安装了这种瞄准镜。

　　1987年4月，英国国防部宣布最后一批热像观察与射击瞄准镜的生产合同约为3500万英镑，这是为挑战者和奇伏坦坦克订购的第三批瞄准镜，巴尔和斯特劳德公司以及阿威莫公司各生产订购量的一半。巴尔和斯特劳行公司提供的这种瞄准镜总量占国防部需要量的85%。

## ◎ 法国的勒克莱尔

　　"勒克莱尔"主战坦克研制工作始于1978年，1983年进入技术验证阶段，1986年1月30日被命名为AMX"勒克莱尔"坦克，以纪念二战期间率领法国装2师解放巴黎的菲利普·勒克莱尔将军。首辆样车于1989年完成，1990年首次公开露面。第一辆生产型"勒克莱尔"主战坦克于1991年12月出厂，1992年1月14日交付法国陆军。到1998年初，"勒克莱尔"坦克的总产量达到300辆。

　　勒克莱尔坦克战斗全重53吨，由于采用了自动装弹机，乘员只有3人。坦克车体采用了箱形可拆卸式结构、以陶瓷为基本材料的复合装甲以及低矮扁平的炮塔外形，对付动能穿甲弹的能力比采用等重量

传动装置。发动机和传动装置的工作状况由微处理机控制,两者构成一整体总成,更换动力传动总成仅需0.5h。"勒克莱尔"主战坦克每侧有6个负重轮,主动轮在后,诱导轮在前,还有拖带轮。

该坦克采用多路传输技术和数字式数据总线技术,不仅可以简化车内电线安装,而且可以在各设备之间交换数据,甚至在部分设备出现故障或损坏时,自动地重新组合使用。该坦克还采用自动管理系统,能使乘员将信息传给其他车辆,或从其他车辆接收信息。这种实时行动能力是同步作战能力的标志,也是装甲部队战术C3I系统的组成部分。

普通装甲的坦克提高一倍。设计炮塔时,考虑了防顶部攻击问题。车体底装甲可以承受未来战场上大量使用的小型可撒布地雷的攻击。此外,法国陆军还在继续研究反应式装甲,准备在未来坦克上使用。

该坦克使用的动力是SACM V8X1500型超高增压柴油机,最大功率达1103千瓦(1500马力)。传动装置采用的是瓦勒奥/塞纳·马恩省设备公司的ESM500型液力机械

该坦克还装有三防装置、达拉斯激光报警装置以及屏蔽和对抗装置。激光报警器的传感器为被动

式，可对敌人1.06μm激光发出报警信号。屏蔽和对抗装置有许多发射器，可发射烟幕弹以遮蔽可见光、近红外和远红外光，还可以形成红外和金属箔假目标。

"勒克莱尔"坦克安装有1门120毫米滑膛炮，身管长度为口径的52倍，由法国地面武器工业集团研制，采用了炮管自紧和内膛镀铬等先进制造工艺，炮口初速高于德国莱茵公司的120毫米 L/44滑膛炮。法国研制的120毫米滑膛炮可以发射尾翼稳定脱壳穿甲弹和多用途破甲弹，这两种炮弹均为整装弹，采用半可燃药筒。尾翼稳定脱壳穿甲弹弹长比德国豹2坦克120毫米弹长30%，初速为1750米/秒，在4000米距离上可击穿北约3层重型靶板，有效射程达3000米。此外，法国还为勒克莱尔坦克配备了对付直升机用的专用弹药。自动装弹机安装在炮塔尾舱中，装填储存在尾舱中的炮弹，尾舱可储存炮弹24发，另有18发弹存储于驾驶员右侧鼓形弹仓中。

辅助武器包括1挺12.7毫米并列

机枪和1挺7.62毫米高射机枪。炮塔顶部每侧朝后装有9个发射管，可发射烟雾弹、杀伤人员弹和红外诱饵弹。

该坦克的火控系统由组件热成像摄像机、"阿威莫"激光测距仪和车长、炮长稳定式瞄准镜组成。火控系统可在1分钟内捕捉6个不同目标，并使坦克具备行进间射击能力。其首发命中率达95%，反应时间为4~6秒。

## ◎ 以色列的梅卡瓦

该坦克的车体是铸造的，前上装甲焊接有良好防弹形状的装甲板，右边比左边高些。这一层铸造装甲后面有一空间，装有燃油，其后是另一层装甲，这种结构使该坦克有较好的防破甲弹和反坦克导弹的能力。该坦克的车内布置与普通炮塔式坦克不同，战斗舱在车体的中部和后部，驾驶舱在车体前左，车体前右是动力舱。驾驶员有1个向左开启的单扇舱盖和3个潜望式观察镜，中央1个可换成被动式夜视镜。驾驶舱与战斗舱之间有一通道，驾驶椅向前折叠时，驾驶员可以通向战舱。

车体后部可以储存炮弹，弹药装在特制的弹药箱内并放在弹架上。弹架可以拆除，以便腾出空间

乘坐一组指挥人员，或者放4副担架，或者载10名步兵。车体后面开有3个门，左边是一个电瓶装卸门，右边一个是三防装置保养门，中间一个门有上下两扇，上扇向上翻，下扇向下翻，可以从车外开启，但车内设有闭锁装置。中间门主要供装卸炮弹和运送伤员用，门上有1个容积为60L的饮用水箱。炮塔呈尖嘴状，正面面积小，中弹率较低。后部有个大尾舱，放有电台和液压件。车长位于火炮右侧，炮长在车长前下位置，装填手位于火炮左侧靠后的部位。

梅卡瓦MK1型坦克的主要武器是1门M68式105毫米线膛坦克炮，由以色列军事工业公司生产，炮管上装有热护套。火炮俯仰角为-8.5°～+20°。车体前上装甲右部装有火炮行军固定架。该火炮可以发射标准型105毫米破甲弹和碎甲弹，以色列军事工业公司还为此炮研制了M111式尾翼稳定脱壳穿甲弹，初速为1465米/秒，直射距离达1600米，有1个直径较小的全钨弹芯和1个滑动弹带，弹丸飞行速度降较小，性能优于美国M735式尾翼稳定脱壳穿甲弹。

在105毫米火炮左侧装有1挺7.62毫米并列机枪，在车长指挥塔门和装填手门上方各装1挺7.62毫米机枪，3挺机枪型号相同，经比利时FN公司许可，由以色列制造。装在弹链上的2000发7.62毫米机枪弹储存在间隙装甲的夹层空间里。有些梅卡瓦坦克在105毫米火炮炮管上方装有1挺从车内遥控射击的M2HB式12.7毫米机枪，该机枪用于训练炮长。在黎巴嫩城市战中，该机枪曾代替火炮使用。

该坦克上载有92发105毫米炮弹，8发待发射炮弹存放在炮塔座圈下方，其余84发弹储存在车体后部，其中12发弹装在2发弹的容器内，72发弹装在4发弹的容器内。

梅卡瓦MK1型坦克采用斗牛士（Matador）MK1火控系统，它的数字式火控装置由埃尔比特计算机有限公司（Elbit Computers Limited）设计，激光测距仪由埃劳普公司制造，车长和炮长均可使用。该系统以中央处理装置为中心，包括操作装置、控制和反馈伺服回路以及传感器。操作装置包括车长、炮长和装填手3个操作装

置。炮长操作装置是主操作装置，它为弹道计算机提供所需的人工输入信息，例如弹种和每种弹在高低和水平角度上的后坐补偿。此外，炮长操作装置还包括能使系统进行炮膛觇视和供系统进行自检的逻辑板以及预选输入显示装置。车长操作装置提供系统显示器读数、射击距离和弹药输入信息。装填手操作装置提供弹药输入信息，控制回路向火炮液压俯仰驱动装置传输计算机瞄准角数据，并向运动的十字线传输方向角数。反馈回路可确保实际瞄准角及十字线方向角与计算数据一致，并

对误差进行精确校正。火控系统传感元件包括大气传感器、激光测距仪、炮塔倾角指标器和目标角速度传感器。

计算机出现故障时，炮长可使用方向机和高低机操纵火炮。车长可使用超越控制装置先于炮长控制火炮和实施射击。火炮配有双向稳定器，稳定系统与美国卡迪拉克·盖奇（Cadillac Gage）公司的相同，由以色列PML精密机械有限公司（PML Precision Mechanism Ltd）特许生产。车长有1个可360°旋转的瞄准镜，放大倍率为4×和20×，车长潜望镜的可旋转头部通过1个反向旋转装置与炮塔方向驱协系统相连，以补偿炮塔旋转量。炮长潜望镜的放大倍率为1×和

板焊接而成。驾驶舱在车体左前方；车体中部是战斗舱，其上是炮塔；车体后部为动力传动舱。炮塔内有2名乘员，车长位于火炮右侧，炮长位于左侧。驾驶舱上装有若干个潜望镜，其中也可装入红外夜视仪。

该坦克样车的主要武器是1门联邦德国莱茵金属公司的120毫米滑膛炮。该火炮的炮管长是口径的44倍，装有热护套、抽气装置和炮口校正装置，还装有反后坐装置。该炮射速为10~11发/分。

日本曾计划在新坦克上安装本国制造的120毫米滑膛炮，该炮

8×，并与激光测距仪合为一体。该坦克的夜视设备是微光夜视系统，也可以选择热像式夜视系统。

◎ 日本的90式

日本90式坦克样车为传统的炮塔式坦克，车体和炮塔均用轧制钢

是用74式坦克上装备的L1A3式105毫米线膛炮炮管扩孔制成的。样炮完成后，命中精度和侵彻力低，加之考虑到新坦克的主炮应与美国的M1A1坦克火炮通用，最后采用联邦德国莱茵金属公司的120毫米滑膛炮并安装在第二次整车试制的样车上。该炮配有自动装弹机，选择了被称为带状弹舱的方式，它通过链带转动来带动放置在炮塔尾舱内的带式连接的炮弹来选择弹种，使炮尾和推弹机方向一致，装入炮弹。

该炮发射联邦德国的尾翼稳定脱壳穿甲弹和多用途破甲弹，日本已特许生产这两种炮弹。这两种弹都是整装式弹药，均为半可燃药筒，尾翼稳定脱壳穿甲弹的初速大于1650米/秒，直射距离1800米，破甲弹的初速大于1200米/秒。该坦克的弹药基数约40发，炮尾弹仓约存放25发，车体前部右侧约存放15发。日本大锦工业公司制造的尾翼稳定脱壳穿甲弹和小松制作所制造的多用途破甲弹均因弹丸的破坏能力不足而未被采用。

该坦克的辅助武器有74式7.62

炮长舱口之间，不能从车内进行操纵。

　　该坦克装有性能先进的火控系统，由观察瞄准装置、测距仪、弹道计算机、直接瞄准装置和指挥仪式瞄准装置构成。车长有1个装在炮塔右侧上部指挥塔前方的独立稳定式360°回转的潜望式瞄准镜，为双目式L型，放大倍率10×，内装掺钕钇铝石榴石激光测距仪（测距范围可达5000米）；配有从炮长瞄准镜得到的目标数据监测装置，必要时可超越射击。炮长潜望式瞄

毫米并列机枪，安装在主炮左下方。还有M2HB式12.7毫米高射机枪安装在炮塔右侧顶部车长指挥塔和

准镜装在炮塔上部左侧，为高低向独立稳定的单目周视潜望镜，放大倍率10×，内有热成像夜视装置和掺钕钇铝石榴石激光测距仪。此外，还有1个辅助直接瞄准镜，为单目式L型，放大倍率12×，内装夜视显示装置。

该坦克的瞄准系统分为直接瞄准和指挥仪式瞄准两种方式。直接瞄准是按照常规的瞄准方法来捕捉目标，而指挥仪式瞄准系统可实现行进间射击。由于安装了超越控制装置，即使在炮长发现目标并进行瞄准以后，车长若再发现其他目标构成更大威胁时，还可使炮长的目标自动改成车长发现的目标，亦即应用该装置可在对一目标射击的同时再瞄准其他目标。车长瞄

准镜内还附带稳定型导向器，车长载上头盔后，接通镜的开关，车长瞄准镜便可和炮管联

动，即炮管和车长的脸部总保持方向一致。

该坦克的火控计算机装在炮塔的尾部，该计算机可根据横风传感器测得的数据及目标距离、弹种、视差修正量、耳轴倾斜、药温、炮膛磨损、大气压力、目标未来位置及其修正量的数据来计算火炮的瞄准角和提前角，使瞄准镜十字线自动装定。

该坦克采用被动式红外热成像装置，可把敌坦克放射的红外线通过高灵敏度红外电视将画面显示在荧光屏上，同时进行目标瞄准，也可自动跟踪。

# 第四章

# 世界著名坦克

近代历史上大大小小的战争中，随处可见坦克的身影，或轻巧灵便，或笨重迟钝，它们是战场上令人恐惧的死神，也是每场战争中的绝对主力。现在每个国家都装备了所能装备的最先进、性能最优异的坦克，也在不断地改进原有的旧式坦克，利用最先进的科技来武装自己的部队。

从两次大战开始到现代，西方国家的军事力量一直都处于世界领先地位。他们的武器制造水平世界一流，科学技术也是最先进的。他们先后制造出了很多著名的坦克，很多坦克都在战争中得到了大量应用，并且以其良好的性能和强大的威力声名远播。战后，这些坦克又经历了一次次的改进，衍生出很多性能更加出色的新式坦克。

德国是世界上坦克制造最发达的国家之一，最著名的有Pzkpfw系列、虎式、豹式等，美国有M26潘兴、M48巴顿系列、M1等，日本也有61式、74式、90式等。苏联曾经是唯一可以与美国抗衡的军事大国，它存在的时期内出现了很多很出色的坦克，很多也是后来许多新式坦克的原型，如T-26、KV-1、T-64、T-90等，这些坦克在战场上一度所向无敌，使敌人闻风丧胆。而中国作为苏联的盟国，曾从苏联得到了很多非常珍贵的坦克和资料，苏联为中国的坦克发展提供了很大的帮助。在中国人民的不断努力下，中国的坦克发展速度越来越快，水平已经逐渐接近世界先进水平，甚至有些性能优异的坦克也是别的国家望尘莫及的。随着中国武器制造水平的提高，中国的军事力量在逐渐加强，我们有理由相信中国必定会成为世界上的军事强国之一。

# 德国虎式（虎I）重型坦克

虎式重型坦克（Panzerkampfwagen VI Ausf. E Tiger I）即"虎I"坦克是第二次世界大战期间纳粹德国制造的重型坦克。虎I坦克自1942年进入德国陆军服役至1945年德国战败投降为止，虎式的乘员教范和虎式坦克乘员手册在第二次世界大战后也成了纪念品。

1943年3月，虎I坦克起初名为Pzkw VI Ausf. H，但后来经重新设计而成为虎。虎这个绰号是由斐迪南·保时捷所取的，尽管公众通常只知它们的名字是虎I或简单称为虎，但其实这名字跟Mark VI-E、Panzer VI-E或PzKpfw VI-E一样知名。虎I的基本设计概念同时延用到其他车辆上面，包括虎II（虎王）坦克和突击虎式突击炮。

虎式坦克于1937年春季开始研发，开发过程几经周折。1941年，亨舍尔和其他三家竞争对手（保时

4月20日，阿道夫·希特勒的生日上亮相。由于研发时间有限，原先较轻的底盘设计被保留。增加的重量使得一些部件需承受更大的压力，因而该车可靠程度、稳定性相对降低了。和豹式坦克

捷、MAN、戴姆勒–奔驰）分别提交上一款35吨左右，配备75毫米火炮的坦克设计方案。然而，苏联T-34型坦克的诞生宣告了这些设计的过时。据亨舍尔一位设计师埃尔温·阿德勒讲："军事专家深为震惊，他们发现当时德军装甲部队竟无一款坦克能与T-34匹敌。"于是，定制标准立刻提高，包括车重增加到45吨，并配备一款88毫米火炮。新坦克的原型车必须在1942年

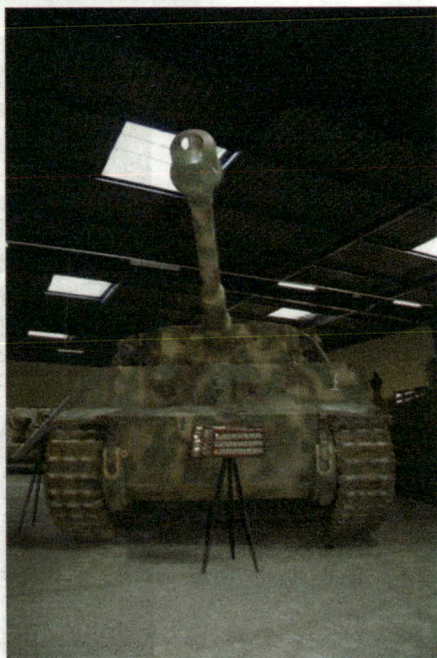

不同的是，虎式坦克丝毫没有借鉴T-34坦克的设计经验，即斜坡式装甲在防穿透方面的优势。但虎式坦克采用的厚重且制造质量优良的直面装甲，在实战中的表现亦毫不逊色。

1941年5月26日，希特勒要求PORSHCE（简称POR.）和HENSCHEL（简称HEN.）提供重型坦克的设计方案。那时KRUPP负责为他们的方案设计炮塔。HEN.的设计方案基于早期VK3001（H）和VK3601（H）的设计，而POR.的是基于早期VK3001（P）-LEOPARD的设计。这些早期设计方案都没有投入生产，但它们为设计人员提供了大量有价值的经验。最初，KRUPP为POR.的VK4501设计了炮塔，该设计在经过修改后被HEN.的VK4501采

用。1941年中期，HEN.决定制造VK4501（H1）和VK4501（H2）两种原型坦克。H1型装备88毫米KwK36L/56炮，安装KRUPP为VK4501（P）设计的炮塔。H2型装备75毫米KwK42L/70炮，安装一种新设计的炮塔——当时还仅有木制模型。1941年末，HEN.决定集中力量研制H1型。1942年4月17日，生产出了它的样车；4月19日，HEN.和POE.的样车都运抵RASTENBURG附近的一个车站，然后行驶11公里到达RASTENBURG——尽管途中不断出现事故。保时捷和亨舍尔提交了样车，在面见希特勒之前于拉斯滕堡作了比较测试。最终采取了折衷方案，亨舍尔的基本架构被采用，并且换装了保时捷的炮塔。

1942年4月20日——希特勒生日，在东普鲁士的狼穴，这两辆样车都出现在了他的面前。1942年7月，在BERKA的坦克学校，两辆坦克都开始了进一步的测试。在测试期间，POR.的样车被淘汰，而HEN.的样车却非常成功。同月，HEN.的VK4501（H）定型，命名为"虎Ⅰ"，并且开始批量生产。

虎式坦克正式定名为Panzerkampfwagen VI Ausf. E（六型装甲战车，E改型），批量生产开始于1942年8月。但是军方也同时订购了90辆保时捷设计的车体加装固定战斗室，改装为坦克歼击车使用，即人们常说的"斐迪南坦克歼击车"，库尔斯克会战后，残

存的斐迪南坦克歼击车进行了细节改装并加装了前机枪，于1944年2月27日被正式更名为"象式坦克歼击车"。其中654重驱逐坦克大队还得到了一辆改装过的象式坦克歼击车，此车把固定战斗室改为了虎式坦克的活动炮塔，等于又重新拼出了一辆保时捷虎，估计这也是唯一的一辆实战用的保时捷虎。

虎式坦克被匆忙投入实战，其实最初的产品漏洞百出。因此，所有大小改动，都直接在生产环节上完成。最为显著的改动是后期型号降低了炮塔，并为乘员提供更为安全、较易于逃生的驾驶舱。为降低成本，防水能力和空气净化/调节系统被取消了。

虎I在1942年8月开始生产，在1944年8月生产了1355辆后停止。开始生产时平均每月25辆，而1944年4月已增长至每月104辆。增长的顶峰是1944年7月1日的671辆。

一般而言，它用了两次生产期（前期型及后期型）生产虎I（PzKpfw VI），和同期的德国坦克一样。当虎II（Tiger II Ausf B）开始在1944年1月生产时，虎I开始被逐步淘汰。

"虎I"只有两种正式的型号——E型和H型，但在生产过程中，改进始终在进行。早期生产的型号的炮塔上的射击窗在中期生产的型号的中改为了逃生舱口（也可用来上载弹药）；早期型炮手的两个视窗的窗盖装甲在中期生产时得到了加强，在后期又改为了一个；早期的两个前灯在后期只剩了一个。后期生产的"虎I"的发动机也更换了。"虎I"装备了两种履带：窄履带，用于运输；宽履带，用于战场。为了方便"虎"式坦克的运输，加快装卸速度，还生产了它专用的列车。

"虎I"被装备到一些独立的重型坦克部队，一直服役到战争结束。1942年8月29日，"虎I"第一次出现在列宁格勒的502重型坦克营一连。1942年12月，在北非突尼斯附近，501重型坦克营的"虎I"式坦克参战。1945年4、5月，"虎I"也参加了柏林

的防御战。

诺曼底登陆战中，一个上尉曾驾驶虎式坦克干掉了一个纵队的英国坦克。然而，虽然虎式为纳粹德国立下了赫赫战功，最终还是被"虎II"所取代。从1942年7月到1944年8月末，仅生产了1,355辆"虎I"坦克。

◎ **总体布置**

虎式坦克的设计概念不同于德国早年大部分坦克。德国早期的坦克设计强调的是机动性、防护和火力三方面的平衡，它的火力往往不及其他对手，然而其战术上的优势却抵销了这些不利条件。虎I坦克的设计呈现出不同的设计理念，它着重的是火力和装甲，而适度牺牲了机动性。事实上，虎I的机动性并没有提高，而是和之前的III号、

IV号相同，也就是仍然拥有德国中型坦克的机动性，虽然比不上M4和T-34，却是全世界机动性最好的重型坦克。重型坦克的设计工作在20世纪30年代后期就已经开始，但是没有计划生产。而真正刺激了虎I的出现的原因，是为了对付苏联T-34。尽管虎I坦克大体上的设计和外型类似IV号坦克（中型坦克），但其重量足足是IV号坦克的两倍。重量的增加来自于更厚的装甲，大口径的火炮，以及庞大的燃料和弹药储存空间、较大的引擎、

顶也拥有25~40毫米厚的装甲，比当时任何其他国家的重型坦克顶部都厚，和大多数中型坦克的侧面差不多（如III号、IV号坦克的侧面是30毫米装甲，M4谢尔曼坦克的侧面是38毫米装

更坚固的传动以及悬吊系统。

虎I坦克的车体前方装甲有102毫米厚，炮塔正前方有135毫米厚，相较之下IV号坦克车身前方只有80毫米的厚度，而炮塔正前方也只有57毫米厚，并且虎I坦克的两侧和背面也都有82毫米厚的装甲。这样的厚度能够在正常交战距离上抵挡住绝大部分炮弹，尤其是来自正面的反坦克炮弹，因为其135毫米炮盾和102毫米炮塔正面是重叠的，这就使得要从正面贯穿虎I坦克的炮塔几乎是不可能的任务。同时，虎I坦克的车

甲），能够抵挡远距离落下的大口径炮弹。虎I坦克大部分的装甲是垂直与其他结构相连接的，并采用了咬合连接形式，使其获得了良好的结构性能。同时，咬合的装甲块之间都采用了焊接（而不是铆接），焊缝质量很高。

虎I坦克对多数桥梁而言过重，因此它被设计成可以涉水四米深。这就要求它就要有特殊的机制来透气和冷却，潜水需有30分钟准备，炮塔和枪必须被固定于前方位置并且密封，而且坦克后部需高高升起一只大型呼吸管。不过，只有初期的495辆虎I坦克装有潜水系统，所有的后期型虎I坦克都只能涉水两米深。

汽油引擎 650匹马力（实际测为641匹，478千瓦），虽然是一具好引擎，但它提供的动力不敷使用，所以很快被升级到HL230 P45 23公升700匹马力（实际测为690匹，515千瓦）。引擎为直列式汽缸，汽缸间角度约为60°，惯性启动器安置在右侧，也可穿过坦克后部的洞口透过链条驱动，引擎可透过车顶的舱口吊起。

该坦克的汽油引擎在后部下方并连结前方的齿轮箱，11吨炮塔使用由引擎供给动力的液压驱动系统推动，即使如

虎I坦克后部有个引擎室，两个可对流隔舱置于两侧，每个隔舱都有油箱、散热鳍片、散热风扇。引擎最初是设计使用一具21公升 12汽缸 迈巴赫 HL210 P45

此，自转一圈需要一分钟。悬吊系统使用了十六组扭力杆，为节省空间，负重轮摆臂一侧向前而另一侧向后，每只负重轮摆臂装有三个负重轮，提供更好的乘驾。负重轮直径为800毫米并且相互交错，要拆除内侧损失橡皮胎（经常发生）的负重轮，得一并卸下数个外侧负重轮。这复杂系统有一定的缺点，负重轮间的间隙因下雪或泥土因为结冰而无法动弹。新的全钢制负重轮设计出来，橡皮胎制于内部，最终全面取代。该坦克的履带宽725毫米（是史无前例的），当铁轨运输有限尺寸大小时，外侧负重轮必须被卸下，并且需更换较狭窄的520毫米履带，即使优良的坦克乘员也须20分钟更换。

虎I坦克内部部局和德国其他坦克类似，前方是开放乘员组隔间，驾驶和无线电操作员分别坐于前方齿轮箱两侧。在他们后

面，地板区绕着炮塔底板围拢了形成连续的平实表面，这能帮助装弹手检查放在履带上方隔间内的弹药。两个人坐在炮塔内，射手在炮的左边，车长在他之后，装弹手有一个折叠的位子在炮塔内，从炮塔底板到车顶有157公分高。

## ◎ 武器系统

虎式坦克采用88毫米口径电动击发KwK 36 L/56（L/56指炮管长度为口径的56倍），由克虏伯公司

研发并生产，炮塔有一个圆形的地板。主炮的支撑及发射机制则发展自德国著名的88高射炮，其88毫米36 L/56 衍生型被用作虎I坦克的主炮，虎II坦克88毫米Kwk 43 L/71型主炮也是出自该高射炮，是二战时杀伤效率最高的几款坦克炮之一。

另外，它还配置了极为精确的蔡司TFZ 9b 瞄准器，准确度惊人，该炮可装载三种型号弹药：PzGr.39弹道穿甲爆破弹、PzGr.40亚口径钨芯穿甲弹和HI. Gr.39型高爆弹

（HEAT）。虎I的主炮发射的炮弹可以依一条非常直的轨迹飞行，在一次试射时，坦克在1200码的距离外发炮，有连续5发是落在一个16英寸×18英寸的目标上。而虎I坦克亦曾在大于1哩（约1600米）的距离外打中敌军的坦克，可是作用并不太大，因为在二战中的战争距离是远比一哩近的。

## ◎ 作战评价

在战争中，"虎I"击毁了大量的敌军坦克和其他装备，在对手心中树立了不可战胜的神话，留下了威力巨大的深刻印象。"虎I"装备的88毫米炮威力巨大，这使它成为所有盟军坦克危险的对手，它那厚重的装甲使它几乎坚不可摧。1944年7月，506重型坦克团第三连的虎式坦克在3900米的距离上击毁了T-34坦克。但"虎I"最大的缺点是它的后部防护和发动机——它需要持续的工作，否则一旦熄火就很难启动。另一个缺点在于以液压操作的炮塔机件转动的十分缓慢，炮塔可以人工转动，但除了在对角度的微调外，在战场上很少能做如此动作。

虎式坦克能够在1600米内有效摧毁绝大多数对手，比如T-34、M4谢尔曼式坦克或是丘吉尔坦克（包括丘吉尔Ⅳ）。然而，采用76.2毫米F-34坦克炮的T-34使用APBC在任何距离上都不可能击穿虎式的前装甲，或在100~200米击穿处虎Ⅰ坦克的侧面。但如果使用HVAP（BR-350P型穿甲弹），就可以在中距离（大约600~700米内）击穿虎Ⅰ坦克侧面。盟军的6磅炮（口径57毫米）使用普通弹能在700米距离上击穿虎的侧面装甲，

威力大于苏军76毫米火炮。T-34-85的85毫米火炮的APBC穿甲弹只能在800米击穿虎Ⅰ坦克的车体正面，或只能在500米击穿虎Ⅰ坦克的炮塔正面，零距离也无法击穿虎Ⅰ坦克的防盾。但是如果使用HVAP（BR365P型穿甲弹），估计可以在1200米击穿虎Ⅰ的首上装甲，在600米击穿炮盾装甲。M4谢尔曼式坦克的75毫米火炮同样只能在200~300米内击穿虎Ⅰ坦克的侧面装甲，零距离也无法击穿正面。M4谢尔曼式坦克的76毫米火炮理论上可以在

600米击穿虎I坦克的首上装甲，在1300米击穿虎I坦克的侧面。如果发射HVAP弹药（经常短缺），甚至可能在1200米左右击穿虎式的首上。但是由美国士兵撰写的《死亡陷阱—M4坦克》一文中指出，M4/76也不能在正常距离击穿虎I的正面，没有任何M4坦克在273米以外击穿虎I坦克正面的记录。斯大林-2的122毫米火炮理论上在1500米左右无论击中什么位置，都可能一发击毁虎式坦克。英国人为谢尔曼萤火虫装备的17-pounder炮，发射普通穿甲弹APCBC时，理论上可以在1500米击穿虎式正面。如果发射APDS弹，理论上可以在2500米的距离左右击穿虎式的前装甲。不过由于英国的APDS远距离精度下降严重，目前还没有看到该火炮在远距离正面击毁虎I的实战记录。为了击毁虎式坦克，对方的坦克有时会被迫进行一次侧击以求得击毁虎式坦克的机会。

# 德国A7V坦克

A7V战斗坦克，作为德国的第一种坦克而被载入德国战车发展史册。德国人决定研制坦克，直接原因是受第一次世界大战中索姆河会战的影响。在这次会战中，英国军队动用了Ⅰ型坦克（"母亲号"），对德国军方的震动相当大。为了对付英军坦克的威胁，德国人在研制口径13毫米的T型反坦克步枪的同时，还积极研制德国自己的坦克，最终选用大型车体的方案，1917年开始制造代号为A7V的坦克。

1916年11月，德军总参谋部提出了德国坦克的技术要求，委托第7交通处制定坦克的设计方案，并由此定名为A7V（A7V的全名是Allegmeine-Kriegs-Department 7，意思是"第七统战部交通分部"）战斗坦克。1917年1月由工程师约

瑟夫·沃尔默设计完成。由于战争的需要，加上采用了现成的"霍尔特"拖拉机的底盘，因而设计工作进展相当快，1917年夏天制成了样车，并开始了样车试验。随后，德国军方迫不及待地要求生产A7V坦克。这样，尽管样车还存在许多问题，仍然匆匆忙忙地于1917年10月正式生产出第一辆A7V坦克。德国原计划制造100辆，但是出于钢铁的短缺和帝国整体工业的优先级考虑，到1918年9月，德国仅生产了22辆。A7V总共生产了包括样车、试验车、改进型共22辆A7V，有17辆投入战场，其余

制成了A7V—R战场输送车。

A7V坦克的最大特点是：它是世界上乘员人数最多的坦克。国内的一般资料称，"A7V坦克的乘员人数为18人"，其来源为Foss主编的英文版《坦克装甲车辆百科全书》。18人的布置是除了车长、驾驶员、炮手、装填手外，光机枪手就有12人，另有2名机械师。这18名乘员还是从不同的部队抽调来的，车长为军士或军官，驾驶员和机械师来自工兵部队，炮手和装填手来自炮兵部队，12名机枪手来自步兵部队。这也为

整车的指挥和协同带来了一定的困难。另一个版本给出的是23名乘员的布置图，增加了副驾驶员、通信员、信号员、信鸽员和瞄准手等。

其实，A7V坦克的乘员人数是不固定的，可在一定范围内浮动，而18人是典型的乘员配置。由于A7V的车内空间较大，多装几个乘员或少装几个乘员问题不大，有的乘员连座位也没有，作战的距离短，席地坐在车内还是可以坚持一会的。

◎ **总体布置**

A7V坦克为典型的箱式结构的坦克，拿现代的观点看，它更像一辆装甲输送车。方方正正的壳体，众多的武器，活像一个"活动堡垒"。

A7V坦克在设计上和总体布置上，有许多独到之处。它是独立研制的，在总体布置上和英国的过顶履带式的Ⅰ型和Ⅳ型坦克有相当大的不同。它没有严格的战斗室，车体前部有火炮和2挺机枪，火力无疑是强大的。发动机位于车体中部，车长和驾驶员席布置在发动机的上方，有固定的指挥塔，这使A7V的整车高度增加了。发动机的动力通过传动轴传至车体后部的变速箱，带动主动轮旋转，推动履带

前进。A7V坦克只用1名驾驶员开车，而英国的Ⅰ型坦克上有4名乘员。在这一点上，A7V比Ⅰ型坦克要先进。由于A7V上采用了螺旋弹簧式悬挂装置，乘坐舒适性上也比Ⅰ型坦克要强。在关注坦克的通信性能上，A7V也是走在前头的。

A7V的不足之处是，车体高大笨重，机动性差，车辆的可靠性也差些；履带长度和履带中心距的比值较大，转向困难，不适应越野和在崎岖不平的道路上行驶。它的履带比车体短，这意味这它仅能爬上小坡面和狭窄的战壕。车底距地高只有200毫米，陷车和车辆托底的事时有发生。当然，乘员人数太多，整车的统一指挥和协调也是一件麻烦事。此外，由于车体过重，车内的两台200马力的戴姆勒发动机不堪重负，经常发生故障。再加上它的生产数量有限，在第一次世界大战中并没有发挥多大的作用。

但不管怎么说，能在坦克诞生的"第一时间"内，独立造出这样水平的坦克，仍是一件很不简单的事。

## ◎ 推进系统

A7V坦克以2台戴姆勒直列4缸、水冷汽油机为动力装置，发动机排量为17升，每台的最大功率为100马力，2台为200马力。原来准备采用1台200马力的汽油机，但现设计已来不及，只好选用现成的2台民用汽油机。这2台发动机通过2根传动轴将动力分别传递到车体后部的传动装置。变速箱为定轴式机械变速箱，有3个前进档和3个倒档。一档的最大速度为3千米/小时，二档为6千米/小时，三档为10千米/小时。

A7V的行动装置很有特色。它采用平衡式螺旋弹簧悬挂装置，每侧有15个小直径负重轮，每5个为一组，分三组，通过平衡轮轴架，再通过8个螺旋弹簧与车体相连。

由于有了螺旋弹簧，有一定的减振性，这就比英国的Ⅰ型和Ⅳ型坦克要强得多。这里要说明一点的是，三组平衡轮轴架上，前组有4个弹簧，中组有2个弹簧，后组有2个弹簧。而在绘制的总体布置图中，前组为2个，中组为4个，显然有误。

## ◎ 武器系统

A7V坦克的武器系统，可以用"一炮六枪"来加以概括。

坦克上的主要武器是1门57毫米低速火炮，身管长为26.3倍口径，1504毫米，火炮全重为193千克。炮弹的弹药基数为180发（后增加到300发），堪称是又一项"世界之最"。火炮的高低射界为±20度，方向射界为左右各40度。发射减装药弹时的初速为395米/

秒，射程为4000米；发射全装药弹时的初速为487米/秒，最大射程为6400米。

辅助武器为6挺"马克沁"7.92毫米重机枪，车体两侧各2挺，车体后部2挺，弹药基数为18 000发，由12名乘员来操纵这6挺机枪，可见机枪在当时起到的是主要武器的作用。

由于有"一炮六枪"，其综合火力性能要优于英国的Ⅰ型和Ⅳ型坦克。

## ◎ 防护系统

A7V坦克的整个车体为铆接结构，但是，它只采用普通钢板，不是装甲钢板，其抗弹性一般。前甲板的厚度为30毫米，侧甲板的厚度为15毫米，底装甲为6毫米。作为对比，英国的Ⅰ型坦克的装甲厚度只有6～12毫米，也是普通钢板。看来A7V的防护性能要优于Ⅰ型坦克。A7V坦克的火力较强，防护性能也不错。在战斗中，发生过英国的Ⅳ型坦克以3发炮弹命中一辆A7V坦克的事件，但那辆A7V坦克仍能继续战斗。

# 美国M26潘兴

M26"潘兴"坦克于第二次世界大战末期装备美国陆军的重型坦克，专为对付德国的"虎"式重型坦克而设计，美国人于1943年4月开始改造搭载90毫米炮的T26新型重型坦克。后来的M26就是T26的改良型T26E3，这种车型勉强在二战结束前服役，1945年1月投入实战20辆。同时，为了抵抗德军神秘的"虎王"重型坦克，美国又急忙试制出在T26E3的基础上搭配长身管90毫米炮的T26E4，并于1945年3月投入了实战。比起高大的M4"谢尔曼"系列坦克，其低平而良好的防弹车形更具现代色彩，它的主炮威力和装甲厚度比起以往所有的美国坦克，都有了飞跃性的提高。M26"潘兴"由于服役晚，在二战中未发挥其作用，真正的活跃表现却是在朝鲜战争与中国人民志愿军

的较量中。

在第二次世界大战期间，美国曾以M4"谢尔曼"中型坦克的数量优势来对付德国坦克的质量优势，但美国人并不甘心坦克技术上的劣势，于1942年研制出第一辆重型坦克T1E2，后来在该坦克的基础上又发展成M6重型坦克。该坦克的性能虽然优于德国的"黑豹"中型坦克，但却赶不上德国的"虎"式重型坦克。为了改变M6重型坦克的劣势，美国发展了两种坦克，一种是T25，一种T26。这两种坦克都采用新型的T7式90毫米火炮。其中T26得到了优先发展，其试验型有T26E1、T26E2和T26E3三种型号。其中T26E1为实验型；T26E2装一门105毫米榴弹炮，后来又

发展为M45中型坦克；T26E3在欧洲通过了实战的考验，于1945年1月定型生产，称为M26重型坦克，以美国名将"铁锤"约翰.J.潘兴将军命名。该坦克开始时是作为重型坦克定型的，到了1946年5月改划为中型坦克类。

◎ 总体布置

M26坦克为传统的炮塔式坦克，车内由前至后分为驾驶室、战斗室和发动机室。该车有乘员5人：车长、炮手、装填手、驾驶员和副驾驶员。驾驶员位于车体前部左侧，副驾驶员（兼前机枪手）位于右侧，他们的上方各有一扇可向外开启的舱门，门上有一具潜望镜。炮塔位于车体中部稍靠前，为了使火炮身

管保持平衡，炮塔尾部向后突出。车长在炮塔内右侧，炮手和装填手在左侧。指挥塔位于炮塔顶部右侧。炮塔顶部装有一挺高射机枪，炮塔正面中央装有一门火炮，火炮左侧有一挺并列机枪。

## ◎ 武器系统

"潘兴"T26E3的主炮为90毫米M3型坦克炮，T26E4为90毫米T15E2型坦克炮。两者都是美军90毫米高射炮的改造产物，这与德国坦克炮发展思路相似，起因无非是高射炮具有与坦克炮同样的高初速特征。M3炮身长50倍口径，T15E2炮身长70倍口径，就如同德国的

"虎"式装载56倍口径的KwK36，"虎王"装载71倍口径的KwK43。"潘兴"火炮配用曳光被帽穿甲弹、曳光高速穿甲弹、曳光穿甲弹和曳光榴弹，弹药基数70发。其中被帽穿甲弹的弹丸重11公斤，在914米距离上的穿甲厚度为122毫米，在1829米距离上的穿甲厚度为106毫米。高速穿甲弹的弹丸重7.6公斤。914米距离上的穿甲厚度为199毫米，1829米距离上的穿甲厚度为156毫米。火炮射速为8发

重型坦克，应大量使用高速穿甲弹。

"潘兴"的火控装置包括炮塔的液压驱动装置和手操纵方向机、观瞄装置、象限仪和方位仪等。炮塔可由炮长或车长操纵，当车长发现重要目

/分。比较双方的攻击力，若"虎"式KwK43和"潘兴"的M3都使用通常的穿甲弹的话，KwK43处于优势；若都使用高速穿甲弹则不相上下。KwK43和T15E2相比，若都使用通常的穿甲弹，KwK43处于优势，若使用高速穿甲弹则T15E2处于优势。但高速穿甲弹的弹芯需要金属钨做原材料，德国无此矿产，所以很少配发部队。但美军却大量装备，并特别强调：如果遇到德国的

标需直接操纵炮塔时，炮长的操纵装置便自动切断。

M3火炮的方向射界为360度，炮塔旋转360°需17秒，高低射界

为-10°~+20°，而德国"虎王"的炮塔在液压驱动下旋转360°需要19秒，火炮俯仰角度范围为-8°~+17°。瞄准装置有两种：一种是供直接射击用的潜望式瞄准镜和望远式瞄准镜；另一种是供间接射击用的方位仪和象限仪。与攻击力相关的还有瞄准镜的性能。德国"虎王"的瞄准器是TZF9d型，倍率为3~6倍，有效距离3000米。M26"潘兴"的瞄准镜采用的是M70F或M71C，其中M70F为1.44~6倍，M71C为5~8倍。另外，"潘兴"还装备了M19方位角度指示器、M1象限仪和M9高低仪。后期生产的M26坦克上还装有火炮稳定器。

"潘兴"的辅助武器是一挺12.7毫米高射机枪和2挺7.62毫米机枪，其中一挺是并列机枪，另一挺是前机枪。12.7毫米机枪的弹药基数为550发，7.62毫米机枪的弹药基数为5000发。

## ◎ 推动装置

"潘兴"装载的发动机是由福特公司开发的GAF型V形8缸液冷汽油发动机，输出功率为368千瓦，在转速2600转/分时，功率为500马力（hp）。该发动机的可靠性得到了很高评价，被认为是装甲车的标准发动机，发动机因采用一种新型

双室汽化器而降低了高度。其公路
速度为48.3千米/小时，越野速度也
达到20千米/小时以上。公路行程达
到200千米，因此，"潘兴"的机
动能力较德国"虎王"强很多。

"潘兴"的传动装置为液力机
械式，主动轮在后，诱导轮在前，
安装有液力变矩器，因而在一定范
围内可以自动变矩，减少换档次
数，从而减轻了驾驶员的工作。行
星变速箱只有3个前进档和1个倒

档。操纵装置采用了一根既能变速
又能转向的操纵杆，故容易操纵。
行动装置采用独立扭杆悬挂装置和
液压减振器，第1、2、4和6负重
轮处均装有减振器。第1负重轮平
衡肘和诱导轮曲臂之间装有补偿机
构，用以自动调整履带松紧度。其
动力传动装置位于车体后部。传动
装置由行星减速器、液力变矩器、
行星变速箱、双差速转向机构和单
级齿轮式侧减速器等组成。传动装

置的部件（侧减速器除外）都装在一个箱体内，该箱体与发动机曲轴箱固定在一起。行动装置每侧面有6个双轮缘负重轮和5个托带轮，履带裙板由4小块组成，仅遮住托带轮的上部。履带为金属–橡胶结构，履带宽为609毫米或584毫米。

M26坦克的车体为焊接结构，其侧面、顶部和底部都是轧制钢板的，而前面、后面及炮塔则是铸造的。车体前上装甲板厚120毫米，前下装甲板厚76毫米；侧装甲板前部厚76毫米，后部厚51毫米；后面上装甲板厚51毫米，下装甲板厚19毫米。炮塔前装甲板厚102毫米，侧面和后部装甲板厚76毫米，防盾厚114毫米。车内设有专用加温器，供驾驶室和战斗室的乘员取暖。

M26坦克的变型车主要有M44装甲输送车等，改进型车主要有M46中型坦克等。

M26坦克共生产了2428辆，首批装备了美国陆军第1集团军下属第3和第9装甲师，在1945年3月7日攻占莱茵河雷马根大桥的战斗中立下了汗马功劳。

在1950年朝鲜战争爆发时，M26是美军的标准中型坦克之一。50年代，一些北约国家的军队也使用了该种坦克。

# 美国M48巴顿系列主战坦克

　　M48巴顿（M48 Patton）是美国陆军第三代的巴顿系列坦克。M48巴顿在冷战时期主要当作中型坦克使用，服役期间大概从20世纪50年代早期至90年代。M48巴顿以M47巴顿为基础，后被M60巴顿所取代。由于M47坦克属过渡性产品，因此在生产该坦克的同时，底特律坦克厂于1950年10月开始研制新的装90毫米火炮的坦克。同年12月陆军正式要求克莱斯勒公司研制新型T48坦克并制造6辆样车，翌年12月完成首辆样车。T48设计构想取自T43，但减少了车体尺寸和重量。

　　由于侵朝战争中苏制T-34坦克的威胁，1951年3月陆军在6辆样车测试评估工作未完成之前就签订了总数超过1300辆的T48生产合同。第一辆生产型车于1952年4月在克莱斯勒公司的特拉华（Delaware）坦克厂制成，从研制到生产不到两年时间。由于匆忙投产，问题甚多，随后又不得不专门设立改装厂来修改T48坦克。

　　1953年4月，陆军将T48坦克列入装备，改称M48坦克，也称M48

巴顿坦克。该系列坦克生产量达11703辆，其中克莱斯勒公司制造6000辆，各型车生产持续到1959年。M48系列坦克生产车型包括M48、M48C、M48A1、M48A2、M48A2C等，其中M48装有外露的高射机枪；M48C采用软钢车体，仅用于训练；M48A1改为全封闭的指挥塔；M48A2采用燃料喷射式发动机和红外设备；M48A2C装有改进的火控装置，炮塔与M60的相似。

1955年10月陆军开始订购M48A2坦克，同年开始生产。据称，如果战术使用正确，M48坦克可以对付苏制T-54/55，装105毫米火炮的M48A5可对付苏联的T-62坦克。1967年，以色列曾把该坦克成功地用于第三次中东战争。

## ◎ 总体布置

该系列坦克采用整体铸造炮塔和车体，车体前部是船形的，内有焊接加强筋，车体底甲板上有安全门。车体分前部驾驶舱、中部战斗舱和尾部动力舱，动力舱和战斗舱间用隔板分开。驾驶员位于车体前部中央，舱盖前部装有3具M27潜望镜，在驾驶员舱口转台上装有1具制式M24夜间驾驶双目红外潜望镜。车上有4个红外车灯，视距200米，大多数车型还在主炮上方安装了红外/白光探照灯，最大距离是2000米。炮塔内乘员3人，车

长和炮长位于火炮右侧，炮长在车长前下方，装填手位于火炮左侧。从M48A1开始装有M1全封闭指挥塔，可手动旋转360°，四周装有5具观察镜，并装有12.7毫米高射机枪。采用的是M28C车长潜望式瞄准镜，放大倍率为1.5×，视场为48°。早期M48坦克没有装M1指挥塔（高射机枪外露），后来陆续加装到M48A1、M48A1C坦克和M67喷火坦克上。炮塔内后顶部有圆顶型通风装置，炮塔尾部有储物筐篮。

车体前部有推土铲安装支座，M48、M48A1坦克装有M8推土铲（重3980公斤），M48A2、M48A3和M48A5坦克装有M8A1推土铲（重3810公斤）。M48坦克无需准备即可涉水1.2米深，装潜渡装置后潜深达4.5米。在潜渡前，所有开口均要密封，在发动机格栅右后位置竖立潜渡通气筒；潜渡时需要打开排水泵。

◎ **武器系统**

该系列坦克的生产型车主要

武器都采用1门M41式90毫米坦克炮，俯仰范围为-9°～+19°，炮管前端有一圆

M48A3

坦克装有90毫米炮弹62发，其中驾驶员左侧19发，右侧11发，炮塔底板水平放置8发，炮塔座圈周围竖立16发，炮塔内另有8发待用弹。该车可选用多种炮弹，包括M580曳光杀伤弹、M82曳光被帽穿甲弹、M77曳光穿甲弹、M318曳光穿甲弹、M336和M337榴霰弹、M71曳光榴弹、M431破甲弹、M332A1曳光高速穿甲弹、M353曳光教练弹和M313黄磷发烟弹以及比利时或以色列研制的新型尾翼稳定越速脱壳穿甲弹。

筒形抽气装置，炮口有导流反射式制退器，炮闩为立楔式，有电击式击发机构，炮管寿命为700发。主炮左侧安装1挺7.62毫米M73式并列机枪，车长指挥塔上安装有1挺12.7毫米M2式高射机枪，其俯仰范围为-10°～+60°，且能在指挥塔内瞄准射击。

M48生产型车的火控系统采用体视测距仪。M48A2C坦克车长配

有1具M13A1E1合像式光学测距仪，取代了原来的体视测距仪，最大测距距离为4400米，放大倍率为10×。炮长有1具潜望式瞄准镜和1具观察潜望镜，放大倍率均为8×，前者与主炮相连。采用机电式弹道计算机，通过机械导杆将目标距离传入计算机，通过炮长面板上的6个选择钮手动输入温度、炮膛磨损、弹药种类等弹道参数。弹道计算机驱动导杆调整炮长/车长瞄准镜中的十字线而完成瞄准角装定，此时炮长即可操纵主炮进行瞄准和射击。此外，车长还配有主炮超越控制装置。

◎ 推进系统

（1）动力装置

该系列生产型车之间的差别主要是发动机的选用。M48、M48A1坦克采用AV-1790-5B、7、7B、7C几种汽油机和CD-850-4、4A、4B几种传动装置，燃料储备均为757升，最大行程仅为113千米。

为提高最大行程，M48A2坦克改用AV-1790-8发动机和CD-850-4D传动装置。该发动机的特点是用新的燃料喷射系统取代了原来的汽化器，提高了燃油经济性。此外，由于发动机油冷却器位于发动机上

方，因此发动机顶舱盖加高。这样既抑制了红外辐射，又增加了燃料箱容积，从而提高了战斗行程。

M48生产型车动力舱内还装有1台用来带动发电机发电的单缸4冲程风冷汽油机，燃料由主发动机燃料箱供给，在主机不工作时使用。生产型车还装有总容积为830升的附加油箱。

（2）行动装置

该系列坦克采用扭杆悬挂，每侧有6个铝制双轮缘挂胶负重轮，M48A1每侧有5个托带轮并有1个履带张紧轮（在主动轮和第六负重轮之间），M48A2及以后各车型改装3个托逗轮，并取消履逗张紧轮，第一、二、六负重轮处均装液压减

振器。

◎ **防护系统**

该系列坦克均采用整体铸选成型车体，车头和车底均采用船身的圆弧形，炮塔是圆形的，不同部位的装甲厚度从25毫米到120毫米不等，因此具有相当好的装甲防护力。M48A2、A3和A5坦克采用制式三防装置。

## 美国M1

1963年8月1日，美国和联邦德国开始联合研制70年代的主战坦克，即MBT-70，并于1967年10月各自展出样车，后因两国在设计上存在分歧，加之成本较高，联合研制计划终于1969年底破产。随后美国在MBT-70基础上开始研制新的XM803坦克，于1970年制成样车，但仍因结构复杂，成本过高，又于1971年底被国会否决。在两车计划被相继取消后，美国陆军随即提出研制XM1坦克计划，并于1972年2月成立了一个由使用单位、研制单位和陆军参谋部……特别任务小组，正……工作。

吸取了MBT-70和XM-803两车研制失败的教训，该坦克研制初期就严格控制了研制、制造成本，并力图达到提高性能的要求。

该坦克的19项设计要求中，陆军特别强调了乘员的生存力，其次才是观察和捕捉目标能力及首发命中率等要求。提高乘员生存力的重要性体现了现代坦克的发展趋势。为此，XM1坦克设计采用了新的防护配置和现代火控系统。根据1973年10月中东战争经验，对设计要求又作了部分修正，如要求增大战斗行程、加强侧面防护、改进车

内弹药储存等。

1973年1月，陆军参谋部正批准特别任务小组提出的XM1研制大纲。1973年6月，陆军分别与通用汽车公司和克莱斯勒公司签订了研制样车合同。1976年1月底，两辆样车完成，并在阿伯丁试验场进行对比评价试验。1976年11月12日，陆军宣布克莱斯勒样车获胜，并与之签订了制造11辆样车的合同，从而开始了该坦克的全面工程研制，于1979年11月完成，历时36个月。在此期间，克莱斯勒公司为陆军制造了11辆样车，1978年2月开始对样车进行第二阶段的性能试验和使用试验（DT/OTII），包括在各种气候和模拟战场条件下试验，试验内容主要有机械拆卸和维修，各种机动性试验，武器试验和环境试验。该阶段试验总行车里程约为89635千米，发射炮弹19100发。

在全面工程研制阶段中，利马陆军坦克修配厂改造为M1坦克的第一制造厂，它便成了西方国家最现代化和生产率最高的坦克制造厂。1979年5月间，陆军决定试生产XM1坦克110辆，就在利马坦克厂制造，1980年2月完成头两辆生产型车。为纪念原陆军参谋长，二次大战中著名的装甲部队司令格雷

夫顿W.艾布拉姆斯（GreightonW. Abrams）将军，特把该坦克命名为艾布拉姆斯主战坦克。从1980年9月到1982年5月在部队又对这些坦克进行了第三阶段的研制试验和使用试验，试验表明该坦克主要性能已满足或超过了1972年提出的研制要求。

早在1981年2月，陆军就已批准生产7058辆M1坦克，同时将XM1坦克正式定名为M1艾布拉姆斯主战坦克。1981年9月，利马坦克厂和底特律坦克厂开始小批量生产M1坦克，1982

年3月底特律坦克厂开始制造生产型车。1984年陆军把M1/M1A1坦克的计划生产总数提高到7467辆（其中4199辆M1A1）。为提高生产率和产品质量，两个坦克厂对生产设备和生产工艺进行了较大的改进，1984年初月产量达70辆。

M1坦克的生产于1985年2月全面结束，共制造了2374辆，以后转向生产改进型M1坦克和装120毫米滑膛炮的M1A1坦克。1988年春季，美国陆军曾考虑把该系列坦克的生产总数提高到12000辆，以取代所有M60系列坦克。

在第二阶段11辆样车试验中，燃气轮机空气滤清系统、传动装置、履带和燃料供给系统等均出了问题，于是1979年下半年对3辆XM1车进行了结构修改，试验证明大部分问题得到了解决。其中主要问题是履带脱落和发动机吸入尘土，前一问题是通过对行动和悬挂部件结构进行重新设计调整得以解

决，后一问题的解决措施是在滤清系统中装入了可靠的密封件。

目前，M1坦克主要装备美国陆军，M1和改进型M1主要装备在美国本土，而驻欧美军装备的M1坦克正用M1A1坦克代替。在陆军制式编制中，每个坦克营共有58辆

M1A1坦克。M1坦克可用美国空军的C-5A银河喷气式运输机空运，在极短时间内可运至指定作战区域。1988年4月美国国会同意埃及特许生产565辆M1A1坦克以装备埃及陆军。按计划，1991年美国向埃及提供15辆车，1992年开始两国用10年时间合作生产540辆M1A1坦克，其中的主要部件如发动机、武器系统等由美国提供。

## ◎ 总体布置

M1坦克是典型的炮塔型坦克，有4名乘员。车体前部是加强舱，中部是战斗舱，后部是动力舱。驾驶员位于车体前部中内，配有3具整体式潜望镜。关窗驾驶时，驾驶员半仰卧操纵坦克，夜间驾驶时可把中间的潜望镜换成AN/VVS-2微光夜间驾驶仪。驾驶员两侧是用装

甲板隔离的燃料箱和弹药。

旋转炮塔位于车体中央，其外形特点是低矮而庞大，几乎与车体一样宽。该扁平型炮塔和车体大都采用焊接件，这主要是受了第四次中东战争的教训以及铸造件生产效率低的原因。车体上主要铸件只用3块，其他部分都用装甲钢板焊接而成。炮塔和车体各部分和装甲厚度不等，最厚达125毫米，最薄为12.5毫米，相差10倍。首上装甲钢板的厚度自下而上逐渐增厚，为50~125毫米。

炮塔内有3名乘员，装填手位于火炮左侧，车长位于右侧，炮长在车长前下方。装填手舱门上安装有1具可旋转的潜望镜，舱口有一环形机枪架。车内电台安装在炮塔壁左侧，便于装填手操作。

M1坦克可在车首安装新的推土铲，以完成推土和清理阵地等任务。

◎ **武器系统**

该坦克的主要武器是1门北约制式105毫米M68E1式

炮塔内弹药大都放在炮塔尾舱内，装填手用膝盖控制一个杠杆能打开尾舱装甲隔门，收回膝盖，门自动关闭，并备以应急机械闭锁装置。炮塔上的车长指挥塔外形低矮，可360°旋转，四周有6个观察镜。指挥塔外部有1挺高射机枪。炮塔后部装有2根电台天线和1个横风传感器。

车内油冷式发电机由传动装置驱动，最大电流是650A；6个12V蓄电池串并联连接，总容量是300Ah，供电电压为24V。

M1坦克安装通气筒后可潜渡2.38米，M1A1坦克为2米。此外，

线膛炮，与M60坦克的M68炮有所不同。该炮由于改进了摇架结构，并将摇架重量减到115公斤，从而减少了在炮塔内所占有的空间。反后坐装置也得到了改进，带有液压驻退机和同心式复进机，其液

压压力由原14.7兆帕斯卡（150kgf/cm2）减至12.25兆帕斯卡（125kgf/cm2）。该炮还装有可测量炮管弯曲的炮口校正系统。

在主炮右侧安装有1挺M240式7.62毫米并列机枪，在炮

塔顶装填手舱口处安装有1挺M240式7.62毫米枪枪，该机枪旋转范围为265°，俯仰范围为-30°～+65°。在车长指挥塔上安装有制式M2式12.7毫米机枪，可360°回转，俯仰范围为-10°～+65°，机枪回转可电动或手动操作，俯仰操作为手动。

该坦克105毫米炮弹基数是55发，其中44发装在炮塔尾舱内，左右弹药仓各存放22发，3发水平存放在炮塔吊篮底板的防弹盒内待用，其余8发装在车体后部弹药装甲隔仓内。

M68E1火炮除了可发射M60坦克制式炮弹外，还可发射最新研制的M735曳光尾翼稳定脱壳穿甲弹、M774曳光尾翼稳定脱壳穿甲弹、M883曳光尾翼稳定脱壳贫铀弹芯穿甲弹和M737TPDS教练弹。M68E1火炮发射M774式尾翼稳定脱壳穿甲弹时，初速为1524米/秒，直射距离约1700米。

该坦克采用的是指挥仪式数字

式坦克火控系统，主要特点是光学主瞄准镜与火炮/炮塔相互独立稳定，火炮/炮塔电液驱动，并随动于主瞄准镜。在正常工作条件下，炮长用主瞄准镜捕获目标，炮长的火控指令和自动弹道传感器的弹道修正数据同时输入弹道计算机，计算机解算弹道并控制火炮和炮塔的转动从而使火炮稳定地瞄准目标。该火控系统使M1坦克具有在行进间射击固定目标和运动目标的能力。

由加拿大计算设备公司研制生产的数字式弹道计算机是一种全求解的固态计算机，自动输入的数据包括目标距离、目标速度、倾斜角和横风速度，手工输入的数据包括药温、气压、气温、炮膛磨损、4种弹道选择、炮口校正装置信息等，弹道计算距离为200～4000米。炮长主瞄准镜是一单向（高低向）独立稳定瞄准线的单目潜望式瞄准镜，它与激光测距仪和热像仪组合，构成测距、昼夜三合一的瞄准镜。

该坦克火控系统与豹2坦克的火控系统同属指挥仪式，但为降低

成本，而又不能太多地降低火控性能，M1坦克没有配备独立的车长瞄准镜，仅有1个在炮长主瞄准镜上延伸的望远镜，车长不能超越炮长独立地搜索、识别和瞄准目标；炮长主瞄准镜水平向未稳定，仅向低向独立稳定；减少了弹道数据的自动输入，仅用4种主要自动输入的弹道传感器，其他弹道数据参数需要手工输入。所有这些措施较有效地控制了火控系统的成本，实际成本仅为整车成本的20%。

◎ 推进系统

该坦克发动机是阿夫柯–莱卡明（AVCOLycoming）公司（现改为达信–莱卡明公司）的AGT–1500燃气轮机。该坦克是世界首次采用燃气轮机作为主动力的制式坦克，这是在进行多年争论之后才选中的燃气轮机，原来存在的问题已基本得到解决。该机输出功率是1103千瓦（1500马力），主要燃料是柴油或煤油，也可用汽油。排气口位于车体尾部，进气口在车体顶部。AGT–1500燃气轮机不但零件少，定期检修间隔时间长，且冷却系统简单而效率高，排烟最大为减少。此外，该机零部件保养简单，整机更换极快，不超过1小时。但是燃气轮机也存在燃油消耗率高，初始成本偏高的缺点。

该坦克采用了底特律柴油机公司的X-1100-3B全自动传动装置，主要部件有液力变矩器、行星变速装置、液压泵、液压马达、液压制动器等，可通过操纵液力变矩器和行星拓进行变速，通过操纵液压泵和液压马达进行差速无级转向。液力变矩器可自动闭锁。该传动装置有4个前进档和2个倒档，可实现连续转向和空档原位转向。制动器为多片摩擦式，工作制动时用液压操纵，紧急制动时用机械操纵。驾驶员使用"T"形操纵杆驾驶车辆，杆上装有油门控制装置和自动变速箱控制装置及车内通话装置。驾驶员前部有2个踏板，其中右边是工作制动器踏板，左边是停车制动器踏板。

该坦克还采用改进型扭杆悬挂。在第一、二、七负重轮平衡肘上安装有旋转式诘振器和固定的行程限制器，减振器装在侧甲板内。

前部诱导轮曲臂上装有1个伸缩式液压减振器，可液压调整诱导轮。第一、二、七扭杆是高强度扭杆，其余为普通制式扭杆，所有扭杆都托在铝管内，以防碰伤扭杆表面，第一、二根扭杆用钢板覆盖。

该坦克每侧有7个铝制负重轮、1个诱导轮，1个主动轮和2个无轮缘托带轮。采用T156型双销挂胶履带。负重轮直径为635毫米，动行程为381毫米，由于负重轮较多，单位地面压力减少，且负重轮

直径较小，因此车高降低。

## ◎ 防护系统

该坦克设计把乘员生存力作为主要性能指标，为此综合采取了多种防护措施。

（1）采用了装甲隔离措施。用装甲隔板将炮塔内弹

药仓和乘员舱分隔开，一旦弹药仓被命中或着火爆炸，气浪会先将炮塔顶部3块泄压板冲开，使乘员免受二次效应的伤害。动力舱和乘员舱用装甲隔板分开。

（2）降低车辆总高，至炮塔顶高为2.37米。

（3）提高越野速度和加速性，从0至32千米/时加速时间为7秒。

（4）主要防护部位采用类似乔巴姆装甲的复合装甲，防护力较M60坦克大为提高。

（5）车体两侧各安装6块装甲裙板，可向上翻转，既保护了悬挂又可避免因车侧中弹引起二次效应。前部裙板厚约40毫米，后部裙板厚约20毫米。

（6）车内安装了哈隆（Halon）全自动灭火系统。动力舱和战斗舱中安装的红外传感器（动力舱有3个，驾驶员舱1个，炮塔内3个）能在2毫秒内发现所有着火点并自动启动灭火系统，能在150毫秒内把火灭掉。驾驶员也可手动灭火。

（7）车内装有M25A1个人三防面具，无超压三防装置。

（8）炮塔前部两侧各装有6管M250烟幕弹发射器，车上还装有发动机热烟幕施放装置。

# 苏联T-90

　　T-90坦克使用的是经济性更好的柴油机，这就比T-80y坦克及其昂贵的燃气轮机要优越。因为T-90坦克未在车臣使用，所以，它不会有车臣表现不佳而名声受损之事。T-72坦克在车臣损失的数量也很大，而T-90坦克从名字看来就与T-72坦克拉开了距离。

　　1996年1月，据一位主管俄罗斯装甲兵的国防部高级官员证实，已决定逐渐把T-90坦克变成俄罗斯武装部队使用的单一生产型坦克。这个决定中的关键词语是"逐渐变成"，换句话说，尽管选定了T-90坦克，但在鄂木斯克很可能继续低速生产T-80y坦克，主要供出口

用，以免鄂木克出现过分的经济困难。

至于选定T-90坦克一事，也并非是军方一致赞同的。1996年9月，那位主管俄罗斯装甲兵的国防部高级官员在接受采访时称此举是个"错误"，他仍然认为T-80y坦克是出类拔萃的坦克。他认为，T-90坦克过重，功率不足，与敏捷的T-80y坦克相比，这方面尤其相形见绌。军方为此也采取了一系列补救措施。

尽管如此，还是一边生产T-90坦克，一边又继续生产T-80y坦克，这很可能使得俄罗斯陆军的标准化问题得不到彻底解决。据俄罗斯军方估计，为使其坦克装备现代化，军方每年需购置300辆新型坦克，但是，1995年的经费只够购置了80~90辆新坦克，1996年只订购58辆坦克，而且购置费还是从

1997年的预算中支出的。

## ◎ 总体布置

人们对T-90坦克的结构在认识上一直颇为混乱。T-90坦克的外形几乎同T-72BM坦克（它也装有"康塔克特" D5附加装甲）一模一样，而且确实有些俄罗斯出版物误把T-72EM坦克的照片标为T-90坦克。T-90坦克除了若干其他改进之外，它与T-72BM坦克外在的主要区别是，它采用了"施托拉"坦克防护系统。

虽然有许多报道说，T-90坦克装的是T-80y坦克的炮塔，其实不是。T-90坦克装的是经改进的T-72BAt坦克的炮塔。之所以有人误认为T-90坦克装的是T-80y坦克的炮塔，那是因为T-90坦克使用的

火控和火炮系统与T-80y坦克的大体相同。保留T-72E坦克炮塔的原因是，该炮塔的防护能力是苏联坦克炮塔中首屈一指的。T-72B坦克采用NIIStali（俄罗斯主要的装甲研究所）型乔巴姆装甲，它由主装中层（相当于380毫米的轧制均质装中）以及435毫米的中间夹层（几层铝与塑料交替重叠组成）与一个可控变形部分组成。"康塔克特"D5附加装甲使防护能力增强34%~57%，而且代价很小，重量增加约3吨。

T-90坦克改进的核心部分是其武器系统。T-90坦克采用的是lA45T火控系统，即T-80y坦克所使用的lA45火控系统的改进型。lA45T火控系统包括lV528Dl新型数字式弹道计算机，即T-80y坦克的IV528数字式弹道计算机的改进型。

当时，炮长的火控装置问题尚未完全解决，突出的问题是夜间热成像瞄准镜的问题。"阿加

瓦"D2瞄准镜是俄罗斯最新型坦克用热成像瞄准镜，是供T-80y坦克和T-90坦克使用的。"阿加瓦"D2瞄准镜安装在T-80y坦克上原来安装TPN4D49D23潜望式瞄准镜的位置处。车长配有1个小型图像显示器，可看到炮长所看到的图像。俄罗斯的坦克火控系统与西方大多数综合式坦克火控系统不同，它把炮长的火控系统分成两个部分：一个是紧挨着炮长舱前的潜望式炮长瞄准镜，另一个是在炮塔前部内装激光测距/导弹激光制导系统的综合式瞄准镜。

◎ **武器系统**

T-90坦克采用的是与T-80y坦克相同的2A46MD1125毫米滑膛炮。据称，与早先的2A46型火炮相比，这种新型2A46MDl火炮的射击精度提高了20%~25%。此外，还有一种新型2A46MD2型滑膛炮，该炮装有1个可更换的铬制炮膛内管，试图提高俄罗斯坦克炮炮管的寿命。

T-90坦克的导弹使用的弹药称为3UBK14，它是由9MI19导弹和9Kh949减装药发射药筒组成，外装一隔离栓塞，以便导弹正确地装入坦克炮内。3UBK14弹药如同别的任何125毫米弹药一样，也适用于坦克上的标准的自动装弹机。该弹药发射后，两组尾翼旋即张开，一组尾翼用于保持稳定，另一组尾翼用于控制飞行方向。9M119导弹的弹体内装有重4.2公斤的先进的成型装药战斗部，其破甲厚度与弹径

之比约为7:1。据称，其破甲厚度为650~700毫米。

T-90坦克的火控系统的激光发射器可产生一个"漏斗"状激光束，导弹在激光束中心飞行。激光束的频率在所投射的"漏斗"状激光束周围的不同扇面上可调制，以便当导弹偏离波束中心时，导弹上的制导系统可发现这个信号，修正飞行，使导弹返回到波束中心。制导系统采用了一个定时器，以便周期性地改变"漏斗"状激光束的直径。因此，对导弹来说，激光束的直径几乎是保持不变的。

T-90坦克的火控系统许可使用9K119"映射"导弹，该导弹需与9S515导弹控制系统（该系统是T-90坦克的1A45T火控系统的组成部分）结合起来使用。据称，"映

在5000米距离上的命中精度达80%。因为每枚导弹的价格为4万美元，所以每辆坦克平均只配装4枚导弹。

采用"映射"导弹一事表明俄罗斯在火控设计方法上与众不同，选择的火控系统和稳定系统足以满足常规弹药在2000米距离上的使用

射"导弹一直在不断改进之中。

"映射"导弹发射后，其尾部上方的一个小盖（用于保护后部瞄准光窗）会脱落。据称，"映射"导弹

要求，但价格较为便宜，技术的先进性较差，再辅以为数很少的精确制导弹药，用以对付4000米距离以外的目标。与之形成鲜明对照的

是，大多数美国和欧洲的火控系统的设计，在4000米射程以内都可达到极高的命中精度。俄罗斯的做法其部分原因是，在大批生产能在4000米距离内作战使用的热成像瞄准镜方面，还存在诸多难题。

最新型的"映射"系统是3UBK20弹，采用改进型9Ml19M导弹。该导弹装有串联式成型装药，用以对付爆炸反应装甲。目前在服役的至少有两种新型125毫米导弹：一种是9M124"阿戈纳"，另一种是9M128。

T-90坦克与T-72BM坦克外在的另一个差别是：T-90坦克上使用的是一种经改进的T-80坦克指挥塔。T-90坦克的指挥塔与标准的T-72B坦克指挥塔有两个明显的差别。首先，前者使用的是NSVTUtes12.7毫米遥控机枪和PZUD7瞄准镜、lEtS29稳定火控系统，而后者使用的是一挺普通的人工瞄准机枪。其次，T-90坦克的新型指挥塔装有经重大改进的观察系统，该系统可能包括有TKND4S（AgatDS）昼夜合一瞄准镜。

◎ 推进系统

T-90坦克的动力装置为VD84MS多种燃料柴油机，该柴油机是T-72BAt坦克上使用的VD84Dl柴油机的改进型，但其输出功率仍是840hp。T-90坦克比T-726M坦克重2吨，为此，T-90坦克的钮杆经改进后采用45KhNGMFAD3钢，可提高工作应力。因此，T-90坦克与T-72BM坦克或T-80y坦克相比，其

机动性和敏捷性都有所逊色。T-90坦克的单位功率为18hp/t，而M1A1坦克的单位功率为24hp/t。车里雅宾斯克柴油机厂研制成功两种备选的改进机型：一种是950hp的VD92柴油机，另一种是I100hp的VD96柴油机，将这些发动机安装在T-90坦克的各种变型车上，可以改进T-90坦克的机动性能。据称，装有燃气轮机的T-90坦克样车也已制成。然而，人们对这种以燃气轮机为动力的车型提出了这样一个问题：T-803/坦克已经暴露出的许多问题都与该坦克采用燃气轮机有关，那么同样采用燃气轮机的T-90坦克就一定会比T-80y坦克好吗？

据俄罗斯宣称，T-90坦克至少有两种车型，即T-90E坦克和T-90C坦克。据说，T-90C坦克采用的是一种模拟式（而非数字式）弹道计算机、老式RD173电

台和ＶＤ８４Ｄ１柴油机。这种情况可能表示在此之前的若干生产车型并非差别很大的车型。最新型的定型生产车辆，在其炮塔的后部增设了一个框形储物箱。

## ◎ 防护系统

从外观上看，T-90坦克上最明显的变化是装了"施托拉"光电干扰系统。据报道，该光电干扰系统可使导弹（如"陶"式导弹、"龙"式导弹、"狱火"导弹等）的命中概率降低3/4或4/5，使诸如"铜斑蛇"导弹的命中概率也降低3/4或4/5，使"霍特"导弹和"米兰"导弹的命中概率降低2/3。该光电干扰系统也可削弱采用激光测距仪的敌方火炮或坦克炮的作战效能，又可为夜视系统提供照明。美国的好几种导弹业已采用抗干扰装置，以使之受光电干扰的程度降至最低限度。"施托拉"D1光电干扰系统由四大部分组成：光电致盲器、激光报警探测器、抗激光烟幕弹发射器和系统控制装置。在炮管的两侧装有2个光电干扰发射器。该光电干扰系统通过产生一对酷似导弹后部的跟踪应答信标的两个假图像，使制式有线制导的反坦克

导弹的导弹跟踪器"受骗上当"。该光电干扰系统的工作波长范围为0.7~2.5ym。它采用的是TShUDlD17红外辐射器，其警戒范围为：高低向4度，水平向20度，光强度为20毫新烛光，光获得的功率为1千瓦。

　　该光电干扰系统的第二个组成部分为装在炮塔上的一组4个激光照射传感器，受到激光照射时它们能向乘员发出报警。来自激光报警传感器的数据输入T-90坦克上的一个新型微处理机，再向车长提供信息。该光电干扰系统可以自动方式工作，可发射烟幕弹，使激光测距仪或激光指示器失效。此外，该光电干扰系统也可以半自动方式工作，由车长来决定是否发射烟幕弹发射器。T-90坦克上采用的是3Dl7烟幕弹，该弹形成烟幕的时间约需3秒钟，烟幕持续时间为20秒钟。这种烟幕对0.4~14um的波段（这包括热成像系统使用的典型波段）可起遮蔽作用。

# 日本90式主战坦克

90式坦克的研究和发展工作始于1974年，部件制造和试验工作始于1977年。当时暂称为TK-X坦克，意思是"试验中的坦克"。日本坦克通常是以定型年代（第一生产年度）命名的，因曾预计新坦克在1988年或1989年定型，故相继又称TK-X坦克为88式和89式坦克。但是由于研制周期拖长，定型日期推迟到1990年，故又称之为90式坦克。

该坦克在1982—1984年度进行第一次整车试制时制造了2辆样车，进行了技术试验。1986—1988年度进行了第二次整车试制，制造了4辆样车，于1987—1988年进行技术试验，并计划在1989年度进行使用试验。先后两次整车试制共制造6辆样车。1987年夏天公开的样车是第二次整车试制的样车。

该坦克的研制总经费约300亿日元，现估计其单价达12.1亿日元（相当于850万美元）。原计划采购800余辆（与74式坦克总采购量相同），但因价格昂贵，采购数量大致控制在400辆以下。

## ◎ 总体布置

90式坦克样车为传统的炮塔式坦克，车体和炮塔均用轧制钢板焊接而成。驾驶舱在车体左前方；车体中部是战斗舱，其上是炮塔；车体后部为动力传动舱。炮塔内有2名乘员，车长位于火炮右侧，炮长位于左侧。驾驶舱上装有若干个潜望镜，其中也可装入红外夜视仪。

## ◎ 武器系统

该坦克样车的主要武器是1门联邦德国莱茵金属公司的120毫米滑膛炮，后日本决定特许生产这种火炮。该火炮的炮管长是口径的44倍，装有热护套、抽气装置和炮口校正装置，还装有反后坐装置。该炮射速为10～11发/分。

日本曾计划在新坦克上安装本国制造的120毫米滑膛炮，该炮是用74式坦克上装备的L1A3式105毫米线膛炮炮管扩孔制成的。样炮完成后，命中精度和侵彻力低，加

之考虑到新坦克的主炮应与美国的M1A1坦克火炮通用，最后决定采用联邦德国莱茵金属公司的120毫米滑膛炮，并安装在第二次整车试制的样车上。

该炮发射联邦德国的尾翼稳定脱壳穿甲弹和多用途破甲弹，后日决定特许生产这两种炮弹。这两种弹都是整装式弹药，均为半可燃药筒，尾翼稳定脱壳穿甲弹的初速大于1650米/秒，直射距离1800米，破甲弹的初速大于1200米/秒。日本大锦工业公司制造的尾翼稳定脱壳穿甲弹和小松制作所制造的多用途破甲弹均因弹丸的破坏能力不足而未被采用。该坦克的弹药基数约40发，炮尾弹仓约存放25发，车体前部右侧约存放15发。该炮还配有自动装弹机，选择了被称为带状弹舱的方式，它通过链带转动来带动放置在炮塔尾舱内的带式连接的炮弹来选择弹种，使炮尾和推弹机方向一致，装入炮弹。

该坦克装有性能先进的火控系

装掺钕钇铝石榴石激光测距仪（测距范围可达5000米）；配有从炮长瞄准镜得到的目标数据监测装置，必要时可超越射击。炮长潜望式瞄准镜装在炮塔上部左侧，为高低向独立稳定的单目周视潜望镜，放大倍率10×，内有热成像夜视装置和掺钕钇铝石榴石激光测距仪；还有1个辅助直接瞄准镜，为单目式L型，放大倍率12×，内装夜视显示装置。

该坦克的瞄准系统分为直接瞄准和指挥仪式瞄准两种方式。直接瞄准是按照常规的瞄准方法来捕捉目标，而指挥仪式瞄准系统可实现行进间射击。由于安装了超越控制装置，即使在炮长发现目标并进行瞄准以后，车长若再发现其他目标构成更大威胁时，还可使炮长的目标自动改成车长发现的目标，亦即应用该装置可在对一目标射击的同时还可瞄准其他目标。在车长瞄准镜内还附带稳定型导向器，车长戴上头盔后，接通镜的开关，车长瞄

统，由观察瞄准装置、测距仪、弹道计算机、直接瞄准装置和指挥仪式瞄准装置构成。车长有1个装在炮塔右侧上部指挥塔前方的独立稳定式360°回转的潜望式瞄准镜，为双目式L型，放大倍率10×，内

准镜便可和炮管联动，即炮管和车长的脸部总保持方向一致。

该坦克的火控计算机装在炮塔的尾部，该计算机可根据横风传感器测得的数据及目标距离、弹种、视差修正量、耳轴倾斜、药温、炮膛磨损、大气压力、目标未来位置及其修正量的数据来计算火炮的瞄准角和提前角，使瞄准镜十字线自动装定。

该坦克采用被动式红外热成像装置，可把敌坦克放射的红外线通过高灵敏度红外电视将画面显示在荧光屏上可同时进行目标瞄准，也可自动跟踪。

◎ 推进系统

该坦克的发动机采用的是三菱10ZG型2冲程10缸水冷直接喷射式废气涡轮增压中冷柴油机，最大功率1103千瓦（1500马力）。坦克单位功率21.2千瓦/吨，公路最大速度70千米/时。传动装置采用的是带液力变矩器的自动变速、静液转向

式传动装置和电液操纵装置。

另外，该坦克采用液气和扭杆混合式悬挂装置，每侧有6个双轮缘负重轮，第一、二、五、六负重轮采用液气悬挂，第三、四负重轮采用扭杆悬挂。两侧的液气悬挂部件不是横向交叉连接，不能作倾斜而只能作前后俯仰调整，可使车底距地高从标准姿态降低到200毫米，或提高到600毫米。扭杆悬挂装有旋转式减振器。诱导轮在前，主动轮在后，两侧各有3个托带轮。采用双销单块式履带，一种装有橡胶衬垫，另一种是金属爪齿型，两种履带均有端部连接器。

## ◎ 防护系统

该坦克的车体和炮塔前部采用复合装甲，其他部位有的采用间隙装甲。复合装甲是冷轧含钛高强度钢的两层结构，中间使用了包有芳纶纤维的蜂窝状陶瓷夹层，并在内侧罩有轻金属，为日本独特的复合装甲结构。该坦克没有对付顶部攻击的特殊装甲防护。两侧裙板各由

7块均质钢板组成，厚约10毫米，可产生与夹层装甲相同的效果。裙板可以单独向上折叠起来，便于行动部分的维修。车内隔舱化布置，装有自动灭火装置。炮塔内部由防火隔板分成几个舱，其布置与美国的M1坦克和其他现代主战坦克相似。弹药仓装有闸门，炮塔后面的顶部装有泄压板。采用了三防装置，即使在全密闭的情况下也可战斗几个小时。还装有激光探测装置，可在敌激光测距仪照射的瞬间得知敌照射的方向。在炮塔后部两侧各装有3具一组的73式烟幕弹发射器，可自动或半自动启动。在炮塔后部竖有通信天线。

但是，该坦克的车体前上装甲板和炮塔前下装甲板之间有一明显的间隙，高度达200毫米以上，形成了一个相当大的卡弹区。

# 日本97式中型坦克

在大战期间，日本最有名的坦克是97式中型坦克。日本在这以前有一种89式坦克，到了30年代中期，89式坦克的火力和机动性已明显落后于当时世界坦克的发展潮流。为此，日军参谋总部和工程部在1936年决定发展一种新式坦克。时值七七芦沟桥事变爆发之际，日军在侵华战争中急需大量战车投入战斗，于是采用了三菱重工的样车"奇哈"。日军将其定名为"97式中战车"（即97式中型坦克）。和89式一样，虽然名为中型坦克，但在今天来看，97式中型坦克只能算是轻型坦克。不过各国的军事专家们仍然称它为中型坦克。为了战局的需要，日本又对这种坦克进行了多次改进，其中有"一式中型坦克"，"三式中型坦克"以及"四式"和"五式"。97式中型坦克的总生产量约1500多辆。

# 法国索玛S-35

"索玛"S-35型中型坦克是法国SOMUA（索玛）公司制造的，该公司是法国最早的坦克制造商之一，1918年曾参与法国"雷诺"FT-17坦克的生产。S-35于1934年秋天开始制造，对该车的测试开始于1935年春。1936年春，坦克测试成功，开始成批生产，并装备部队。该坦克从1936年至1940年共生产约500辆，一直服役到1940年法国投降。

1940年5月之前，已经有超过400辆的SomuaS-35型坦克服役于法国军队中的十字军和龙骑兵部队（DLM）中。法军的3个轻机械化师各装备87辆S-35坦克，驻突尼斯的第6轻骑兵师装备有50辆这种坦克，第4后备装甲师也装备有少量这种坦克。

S-35坦克（SomuaS-35）被认为是当时设计最先进的坦克。该坦克装备了精锐的投掷器和斜面装甲，具有较好的机动性，较强的火力和装甲防护力，优于当时德军的PzKpfwIII战斗坦克，并且它被德国人认为是装备有37毫米AT反坦克炮小组难以攻克的坦克。其炮塔和

车体是钢铁铸造而成，具有优美的弧度，无线电对讲机是标准设备，这些独特设计影响了后来的美国谢尔曼和苏联T-34坦克。S-35坦克战斗全重将近20吨，乘员3人，炮塔正面装甲厚度55毫米，车身装甲厚度40毫米，最薄弱的后部也有20毫米，防护效果相当不错。S-35装备一门47毫米L/40加农炮，这是西线战场威力最大的坦克炮。动力系统是一台八缸汽油发动机，功率190马力，公路最高时速40公里。法军一共有超过400辆S-35坦克，但只有243辆装备部队，其余的都停在仓库里面。S-35坦克跟德军的对手Pz3型相比，火力和防护都胜过一筹，只有动力稍逊。

1940年法国被占领后，德军接收了全部法国坦克，并利用S-35坦克执行各种任务，有些还参加了对苏联的入侵，德军把这种坦克命名为35C739（f）坦克，并将其中一部分改装为装甲指挥车，另有少量则转交给了意大利。S-35坦克的最大的不足之处就是缺少一个双向回路电台和一个单人炮塔，并且车体连接不坚固，车长负担过重。由于该坦克仅有3名乘员，车长既要指挥坦克，又要负责火炮和机枪的装弹，瞄准和射击，这样必定影响射击速度，以致并不能发挥该坦克应有的效能。

该坦克有以下几方面的技术特点：

（1）它侧重于机动性能的提高。推进系统技术初步从汽车拖拉机技术中分离出来，专用汽油机和高速柴油机研制成功，二级行星转向机、双差速式转向机构相继部世，行动装置普遍采用弹性悬挂技术。

（2）坦克通常以机枪为主要武器，火炮口径多为37～47毫米，为增强火力，S-35安装了75或76毫米短身管榴弹炮，甚至发展为多炮塔坦克。

（3）反坦克炮出现后，其装甲防护力得到加理布置装甲厚度，提高了抗弹能力。

# 中国99式主战坦克

99式主战坦克是中国陆军最先进，最新型的主战坦克，也是世界上最先进的主战坦克之一。它具备优异的防弹外型，其炮塔和车体均采用复合装甲，抗弹能力成倍提高，是中国陆军装甲师和机步师的主要突击力量，被称为中国的陆战王牌的第三代主战坦克，其强大的火力性能和综合性能为其赢得了称赞。99式主战坦克出现在了2009年国庆60周年阅兵式上，是装甲方阵第一方队，体现了在我军中的重要地位。

20世纪80年代以来，世界各国装备的主战坦克大部分已经进入了战后第三代主战坦克。豹2、M1A2等西方主战坦克的火力性能、机动性能和防护性能已经达到顶点。

对越自卫还击作战时，我军仍大量装备的第一代59式坦克在战时暴露出了大量问题，我国的坦克发展迫切需要追上世界其他国家。20世纪80年代，我军研制并装备的第二代主战坦克80式、85式采用了西

方坦克的技术，与我军长期使用苏式装备不同，其整体性能达到了战后第二代主战坦克的优秀水平。但由于定型时间晚，那时苏联和西方发达国家已经大规模装备T-80、M1A2和豹2等第三代主战坦克，所以80系列主战坦克仅少量装备部队。

为了尽快赶上世界各国第三代主战坦克的步伐，我国加紧了第三代主战坦克的研制。而对于三代坦克是使用西方坦克设计还是苏式传统风格，内部产生了讨论。由于我国已经获得了苏联T-72主战坦克的技术，辅以某些西方更先进的坦克技术（比如来自豹2坦克的部分技术），最终决定以苏式设计为基础开始研制第三代主战坦克，并于1989年开始研发，项目工程代号

威武无比。

## ◎ 总体布置

99式主战坦克的底盘借鉴了苏联T-72主战坦克底盘，战斗全重超过51吨。加上大量应用复合装甲，防护水平比起80系列坦克有了质的飞跃，达到了西方第三代主战坦克的水平。99式主战坦克采用了传统的坦克布局，从前往后的舱室依次是驾驶舱、战斗舱和动力舱。

99式主战坦克的驾驶员位于车体前部正中，车长和炮长位于战斗舱，炮长在左，车长在右。动力传动舱在后，和战斗舱用装甲甲板隔开。

WZ123。由于1989年开始的西方对华武器禁运，中国得以完全使用自己的力量开始研制第三代主战坦克。

1998年，三代坦克初步研制成功，并开始小规模列装 部队。1999年，新型主战坦克参加了国庆大阅兵，被称为98式坦克。1999年定型后正式被称为ZTZ99式主战坦克。在炮塔前方挂装了模块化楔形装甲的99式主战坦克在外型上显得

与我军传统坦克不同，在外观上，99式的炮塔没有采用苏式传统的卵形铸造炮塔，而是采用焊接结

构的西方式炮塔。在复合装甲的时
代，焊接炮塔开始展现优势，因为
比起T-72的卵形铸造炮塔，焊接炮
塔利于布置大厚度、大倾角的复合
装甲模块。M1A2、豹2、挑战者等
西方三代坦克正是因为采用焊接炮
塔，确立了对T-72、T-80坦克的防
护优势。

## ◎ 武器系统

99式主战坦克与苏联T-72坦克
的配置类似，乘员数量为3人。主
要装备有1门50倍口径的国产125毫
米高膛压滑膛坦克炮，装备三种弹
种，分别是尾翼稳定脱壳穿甲弹、
破甲弹、榴弹，以及炮射导弹，弹

药基数估计超过40发。该炮装有性
能可靠的自动装弹机，火炮射速可
达10发/分。发射尾翼稳定脱壳穿
甲弹时初速为1760米/秒，直射距
离2300米，对均质装甲的穿甲厚度
600毫米以上；发射破甲弹时初速
1000米/秒；使用钨合金尾翼稳定脱
壳穿甲弹时，可在2000米距离上击

穿890毫米的均质装甲；而使用特种合金穿甲弹时，同距离穿甲能力达960毫米以上。该炮能发射我国仿制的俄125毫米口径炮射导弹，该导弹最大射程5.2公里，最大破甲深度700毫米。

在冷战期间，中国长期面对苏联装甲洪流的强大压力，因此非常重视坦克炮和尾翼稳定脱壳穿甲弹的研究。加上改革开放后，对俄罗斯、西方火炮技术的引进吸收，99式主战坦克的125毫米火炮及配套穿甲弹已经超越了俄罗斯的125毫米坦克炮，与美国、德国同类产品处于同一水平。

该炮的辅助武器是在炮塔上右方12.7毫米高射机枪一挺，备弹500发；火炮右侧有7.62毫米并列机枪一挺，备弹2500发；炮弹基数40发；炮塔两侧各有5个82毫米烟幕弹发射器。

与西方主战坦克相比，国产坦克一般都忽略对辅助火力的精心配置。西方坦克的机枪一般装在环形枪架上，射界非常开阔，利于坦克对敌方迫近步兵的压制。而99式坦克的12.7毫米机枪是安装在固定枪座上，左右射界受到很大的限制。由于人类社会城市化进程加剧，未来的地面战斗很可能在城市中打

响,坦克的辅助火力也变得日益重要。西方各国相应推出了无人武器站,方便坦克乘员在车内控制机枪、自动榴弹发射器等辅助火力,而这类装备国内尚在起步阶段。

99式主战坦克装有车长与炮长独立观瞄装置与热像仪、激光测距系统,加上先进的计算机稳像式火控系统与导航系统,包括热成像仪、稳定式测距瞄准具、弹道计算机、车长控制面板、横风传感器、倾斜传感器、角速度传感器等。其炮塔左后方的组合式光电系统,包括有热成

像仪和激光测距机,它的出现表明我国坦克的夜视夜瞄能力有了突破性的进展。其探测距离号称可达7～9千米,恶劣气候条件下仍能达到3～4千米,行进间对2000米外目标的首发命中率达85%,火控系统

的反应时间小于6秒。由于采用了先进的计算机稳像式火控系统，99式坦克具备了在行进中对活动目标的射击能力，首发命中率在90%以上。此外，99式还采用了国际上先进而流行的猎-歼式火控系统（也称双指挥仪式），其最显著的特点是，车长可以对火控系统进行超越（炮长的）控制，包括射击、跟踪目标和指示目标等。在坦克炮塔后部装有激光目眩压制干扰装置，最大作用距离4000米，意即4000米内可让敌军坦克瞬间变成瞎子。

99式装有我国第二代凝视焦平面热成像仪，在夜间或复杂气象条件下，对坦克目标观察距离达7~9公里，平均无故障时间为4000小时。在能见度只有100米左右的恶劣环境中对目标的发现距离为4000米，识别距离为3100米，具备了在昼/夜间于运动状态下对运动目标的射击能力。

99式主战坦克上安装了先进的下反稳像式火控系统，该系统属于指挥仪型数字式坦克火控系统。它通过一个二自由度陀螺仪稳定瞄准镜中的下反射棱镜来实现炮长瞄准

线的双向稳定。在瞄准时，炮长操纵瞄准镜，使瞄准线瞄准跟踪目标，则火炮随动于瞄准线。当炮长在坦克行进间从瞄准镜向外观察目标时，瞄准镜中的目标和背景几乎是不动的，极大地方便了炮长在坦克行进间进行射击，而且射击时只需一次瞄准。一名99式主战坦克的炮手在接受采访时也说，三代坦克只要瞄上目标，火炮就像磁铁一样被目标吸引着，不论车体如何起伏，火炮仍指向目标方向。由于下反稳像式火控系统的装备，99式主战坦克不同于过去的中国坦克，它可以在行进间进行更为

精准的射击。

## ◎ 推进系统

99式坦克的动力系统采用WR703/150HB系列柴油机，这种发动机是从德国MTU公司MB870系列V型液冷柴油发动机的基础上发展而来的，发动机输出功率可高达1500马力。对99式坦克超过50吨的战斗全重来说，该发动机可以提供较高的机动性能。99式坦克采用了扭转弹簧悬挂系统，最大公路时速可以达到70~80千米/小时，

0~32公里加速时间仅为12秒，最大行程可达450公里。

西方国家工业基础雄厚，发动机水平高、动力传动系统的可靠性好，我们的坦克无论与M1A2、豹2A6或者90式相比，还有一定差距。不过随着我国新一代大功率1103千瓦（1500马力）发动机的研制成功，这种差距将进一步缩小。

◎ 防护系统

99式主战坦克的炮塔没有采取鹅卵石式铸造炮塔，而是采取了全焊接钢装甲结构，这样就避免了在浇铸过程中造成的装甲厚度不均匀，使得其装甲防护性能较老式中国坦克有了较大的提高。99式坦克厚度为220毫米、倾角为68度的复合装甲，再加装了前部的楔形模块化装甲，正面的防护达700毫米，车体防护能力相当于500～600毫米厚的均质钢装甲，如果在炮塔和车体上加装新型主动反应装甲后，抗装甲和破甲弹的能力可达1000～1200毫米。

众所周知，坦克最大着弹部位是炮塔，99式主战坦克在炮塔装甲上下了大工夫，其防护性能十分出众。在1997年冬季进行的低温试验

中，99式坦克经受了14发105尾翼稳定脱壳穿甲弹的攻击，没有一发能够击穿它的前装甲。并且，99式在正面防护弧度范围内安装了复合装甲。炮塔构形扁平，拥有极佳的

的进步而更新，可挂装复合反应装甲板或屏蔽装甲。车内装有高效自动灭火/抑爆装置，可在10毫秒内熄灭火灾，99式坦克的车体及炮塔均为全焊接钢装甲结构，并在正面

抗弹性。炮塔由复合装甲板构成，炮塔前的复合装甲厚度600毫米左右，炮塔的其他部位则被铁栅栏及各种附加物所包围（这些东西对破甲弹有一定的防护力）。由于复合装甲为组合件，故可随着装甲技术

防护弧度范围内安装了复合装甲。另外值得注意的是，98式坦克炮塔右后部有一部车载式的光电对抗装置，它主要对付敌方坦克的激光测距机和反坦克导弹的红外制导系统，它能针对敌方发出的激光束和

红外制导信号向坦克乘员及时发出警告，并自动控制对抗系统加以迷茫。它的出现，使得98式坦克有了近程反导的主动防御能力，此类设备已达世界领先水平。另外，99式坦克还可以加装我国已经研制成功的三代附加反应装甲，使得其防护力更加强大。

除了装甲防护，99式主战坦克在炮塔两侧拥有10具发射筒，可以发射烟幕弹制造烟幕干扰敌方。另外，将燃油喷入排气管，99式坦克可以制造可持续4分钟长达400米的烟幕。

美国的M1A2车体和炮塔的装甲厚度相当于600毫米和700毫米的均质装甲，德国的豹2A6车体和炮塔的装甲厚度相当于580毫米和700毫米的均质装甲，日本的90式车体和炮塔的装甲厚度相当于500毫米和560毫米的均质装甲，由此看来，我国的ZTZ99主战坦克与西方坦克的防护水平基本上已处在了同一层次上。

# 意大利C-1"白羊座"主战坦克

意大利于1982年提出了研制新型主战坦克的计划，用以替换300辆旧式的M60坦克。奥托·梅拉拉公司和伊维科·菲亚特公司携手合作共同开展此项研制工作，并为此联合组建了一家新公司。1984年完成了整体规划及子系统设计。该计划共包括了两种装甲车辆，即B-1"半人马座"轮式坦克歼击车和C-1"白羊座"主战坦克。

按照计划，奥托·梅拉拉公司负责整体设计以及炮塔和武器系统的研制，菲亚特公司负责坦克底盘动力和悬挂系统的研制。C-1"白羊座"主战坦克首辆原型车于1986年推出，1988年初已制成6辆C1坦克样车，并交意大利陆军试验。整个测试工作于1992年完成。

1995年，首辆C-1"白羊座"主战坦克进入意大利陆军。

## ◎ 总体布置

C-1"白羊座"坦克战斗全重48吨，乘员4人。坦克整体结构沿用传统设计，类似OF-40。炮塔正面采用类似"挑战者"的大倾角设计，防弹外形良好，两侧及后方则

## ◎ 武器系统

C-1坦克主要武器是1门由奥托·梅拉拉公司研制的120毫米L/44滑膛坦克炮，炮膛结构及尺寸与莱因公司的Rh-120相同，但外形略有差异。该坦克采用的是莱因金属公司授权生产的两种弹药，分别是DM-23穿甲弹和DM-21破甲弹。车内备弹42发，15发置于炮塔尾舱中，27发置于驾驶员左侧弹箱内。

为垂直设计。

坦克车体和炮塔均由轧制钢板焊接而成，重点部位采用新型复合装甲。该复合装甲可能采用了陶瓷材质夹层，

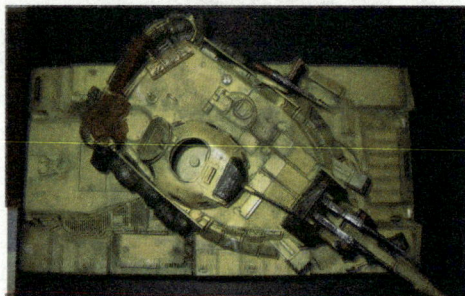

并应用了模块化结构。通过模块化设计，C-1坦克可快速更换装甲模块，并有利于随技术进步对装甲进行逐步升级。此外，重要部位还可安装反应装甲。该坦克还装备有由意大利塞克尔公司设计的型号为SP-180的三防装置。

其辅助武器包括1挺7.62毫米并列机枪和1挺安装在车长炮塔舱盖上的7.62毫米高射机枪。在炮塔两侧各安装4具烟雾弹发射器。

"白羊座"坦克采用伽利略公司设计的TURMS OG14L3型坦克火控系统。该套系统也被B-1"半人马座"坦克歼击车和VCC-80步兵战车采用。该系统主要部件包括车

长昼间周视瞄准仪、炮长稳定式激光瞄准仪、弹道计算机、传感器组、炮口校正装置，以及车长、炮长和装填手控制面板。

由意大利和法国SFIM公司共同投资研制的车长周视瞄准仪安置于炮塔顶部，可360°旋转和进行-10°～+60°的俯仰运动。该镜本身带稳定装置，有2.5×和10×两种放大倍率。车长还有1个单人使用的电视屏幕显示器，夜间可为车长显示炮长热像仪的图像。

车上安装的COCMP弹道计算机可完成全部弹道装置（包括光学瞄准镜、激光测距仪及伺服装置）以及传感器、车上自检装置和训练装置工作的计算、控制和管理。当出现局部故障时，可使系统从正常工作方式转为备用工作方式。

◎ 推进系统

该坦克的发动机选用的是菲亚特公司的MTCA V-12型涡轮增压气冷柴油机，标定功率为882.36千瓦1200马力）。传动装置选用的是德国ZF公司授权菲亚特公司生产的LSG3000型自动传动系统，韩国的K-1主战坦克和巴西的EE-T1"奥索里奥"主战坦克采用的也是这个系统。C-1坦克的悬挂系统与OF-40相似，采用传统的独立扭杆设计，车体每侧有7个双轮缘挂胶负重轮。除第四和第五对负重轮外，其余的均装有液压减震器。

# 韩国K1系列主战坦克

韩国主战坦克的研制发展起步较晚，与德国、美国、英国、俄罗斯、日本、法国等发达国家不可同日而语。但曾几何时，韩国的K1系列主战坦克却一跃进入世界主战坦克十佳排行榜：1997年，名列第七；1998年，名列第八；1999年，

K1改进型K1A1坦克名列第七；2000年，K1A1坦克名列第十；2001年和2002年，K1A1坦克回升到第七。

韩国的K1主战坦克何以能在较短时间内争雄天下？由于韩国在研制初期保密，众人对此一度知之甚

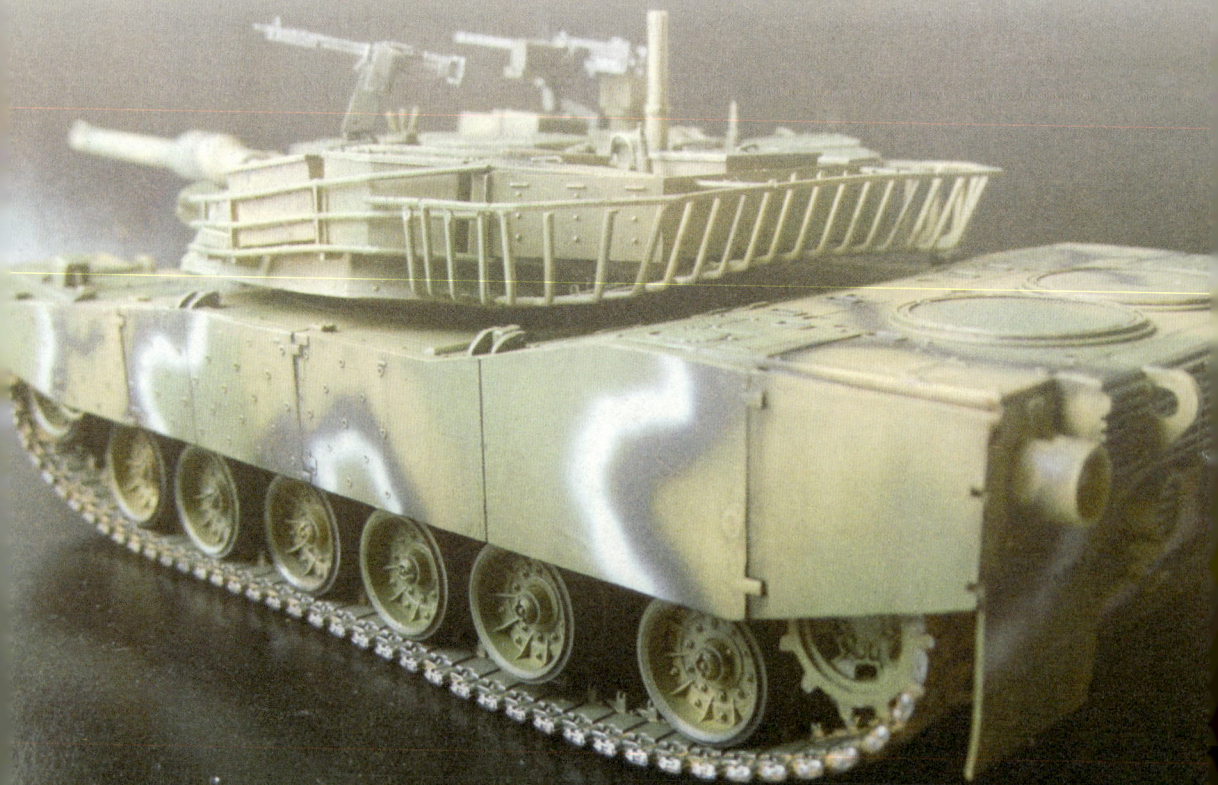

少。直到K1系列主战坦克傲立世界坦克之林时，才引起了各国的关注和研究。

追溯韩国研制发展国产坦克的缘由，不能不提到韩国军队曾经惨败的教训。在20世纪50年代初的朝鲜战争中，开始韩国军队甚至没有一辆坦克，朝鲜依靠T-34/85坦克做先锋，一举席卷了首都汉城。后来，韩国从日本迅速运来了美制M4"谢尔曼"坦克，但其性能却逊色于苏制T-34坦克。直到美军提供了威力强大的反坦克火箭筒和M26"潘兴"坦克，韩军才消除了对T-34坦克的恐惧感。在惨痛的教训面前，韩国陆军深刻认识到，坦克质量的缺陷不仅会使军队在作战中失利，而且会严重影响军队的士气。朝鲜战争后，韩国陆军坦克一直依靠美国提供，但这些坦克都是美军剩余的M47、M48坦克，与朝鲜强大的装甲部队相比，存在着很大的实力悬殊。

20世纪50～60年代，韩国没有研制坦克的经济和技术能力。到70年代中后期，在美国和日本的大力支援下，韩国经济迅速发展，这才决定研制坦克。由于坦克是复杂的

机械化武器装备，这对于毫无研制经验的韩国工业界而言谈何容易，他们根本不具备从零部件设计到整车制造的经验和条件。为此，韩国决定求助于拥有丰富坦克研制经验的美国坦克制造商。1979年，韩国向美国企业界提出了帮助韩国发展坦克的提议。美国有数家公司响应，表示愿意提供协助和技术支持。

1980年，韩国选定克莱斯勒公司的子公司克莱斯勒防务公司。该公司技术实力雄厚，曾研制出了当今世界上最先进坦克之一的M1坦克。从此，韩国与该公司开始了新型主战坦克的合作研

制，基本战术要求和设备的选定由韩国方面进行，克莱斯勒防务公司负责设计定型。美国人将这种坦克称之为为XK-1或ROKIT（韩国国产坦克英文缩写）坦克。

1982年，克莱斯勒防务公司并入了美国通用动力公司，并被改组为通用动力公司的地面系统分公司。这种合并、改组的事在美国稀松平常，所以并没有给XK-1坦克的研制造成影响。

1983年，生产出第一辆XK1样车，称为"机动性底盘实验车"，用于行驶试验。该车的车体符合测试要求，由于炮塔的设计还不

完善，因此在试验中只起配重作用。1983年11月，该车在马里兰州阿伯丁的美军坦克试验场进行了机动性、耐久性、可靠性等各种试验。

1983年12月，生产出第二辆XK1样车，称为"火控底盘实验车"。显而易见，该车是用于火控实验的。1984年2月，在阿伯丁坦克试验场进行了火控实验。

1984年，XK1样车经过试验基本定型后，在韩国昌原（釜山附近）的现代车辆厂（1985年被现代精密机械工业公司合并）正式生产。首批生产型车于1985年出厂，随后装备韩国陆军。XK1坦克就是后来的K1坦克。

K1坦克1987年9月正式命名为88式坦克，此时已经装备了好几个坦克营。第一批210辆生产型坦克于1987年中期完成，第二批共生产了325辆。

但K1坦克为什么在1987年被命名为88式坦克？后来知道这是政府出于政治上的考虑，是为了达到宣传效果。1988年对韩国来说是非同

寻常的一年，因为第24届奥林匹克运动会就是这一年在汉城举办的。韩国把举办奥运会作为加入世界发达国家的一个跳板。在他们看来，四年一度的奥林匹克运动会，是世界各国政治、经济、科学、文化相互较量的最佳场所，是对一个民族精神和素质优劣的公正仲裁。他们像迎接盛大节日一样迎接这场体育盛事，响亮地提出"88年精神"，以此激励举国上下发愤图强，在世人面前展示韩国的形象。正如当时

的全斗焕总统在K1坦克命名典礼时所说：88式坦克的名字，表明了不管发生什么事情，韩国人民也要成功举办奥运会的坚强决心。因此，"88"不仅是表示定型的年度，从某种意义上讲也是韩国经济快速发展、举办奥运会、步入世界一流兵器工业国行列的宣言。所以，这种坦克没有直接命名为"K1"，而是命名为"88式坦克"。

现在，88式坦克的名称已不再使用，只是在谈到K1系列主战坦克

的发展经过时，人们才会提到它。

K1主战坦克也可以说是微缩版的M1坦克，它是由美国通用动力公司负责设计定型的，其车体、炮塔外形上采取的低平、多平面的棱角组合，与美国的M1坦克的外形结构十分相似，所以，K1坦克经常被认为是M1坦克的仿制车型，曾有人将K1主战坦克描述为M1坦克的"婴儿"坦克。由于二者相似，以至美国《陆军》杂志1993年第10期曾在登载美驻韩第2步兵师M1坦克的地方，误用了韩国陆军K1坦克的照片。

◎ **总体布置**

K1坦克采用了常规结构布局，驾驶舱在前，战斗舱居中，发动机和传动装置位于后部。驾驶员位于车体内左侧，有1扇舱盖，舱盖用枢轴固定在左侧，可向上开启。上面有3具一体式昼用潜望镜，中间1具可用被动式夜间驾驶潜望镜替换。车长配有1具法国测试仪器制造公司的独立式双向稳定周视瞄准镜（放大倍数为3倍和10倍）、1具周视潜望镜和1扇可向后开启的舱盖。瞄准镜由三星电子有限公司根据SFTM公司的特许在韩国生产。炮长配有双向稳定的昼/夜瞄

准镜，采用激光测距仪和与M1A1坦克安装的相似的热成像系统，放大倍数为1倍和10倍（昼用）及3倍和10倍（夜用）。炮长还备有1具铰接式辅助瞄准镜，由科尔摩根公司光电分部和光机有限公司提供，其放大倍率为8倍。车上的制式设备有驾驶员被动微光潜望镜、液压排水泵、加热器和乘员室及发动机室的"哈隆"自动灭火抑爆系统、VRC-947K和/或VRC-964K及VIC-7K车通系统。三防系统包括1个M8A1型告警系统和1个M13A1气体颗粒过滤器。

K1坦克尽管与M1坦克似曾相识，但在设计上又匠心独具，别具韩国特色。它最突出的特征：

一是车体低矮紧凑。K1坦克与M1坦克相比，车体长缩短了44厘米，车宽减少了6厘米，车高降低了12.5厘米。这种小于美国坦克的车型，不仅是从韩国人与美国人平均身高差别来考虑，而且是从作战需要出发，根据韩国陆军"尽量用低车姿来降低坦克的中弹概率"的要求来设计定型的。

二是K1坦克采用了德国MTU柴油发动机，而没有采用M1坦克使用的燃气轮机。

三是K1坦克单位压力小，仅为0.87千克/平方厘米，使其能在湿地或沙地上实施机动。

四是液气悬挂装置。K1坦克采用液气悬挂和扭杆悬挂并用的混合式悬挂装置。K1坦克每侧有6个负重轮，其中第3、第4、第5个负重轮采用扭杆悬挂装置，第1、第2、第6个负重轮采用液气悬挂装置。液气悬挂装置可通过调节油量来改变车底距地面高度，因此，车体可进行前后俯仰的变换，从而有利于主炮的俯仰和射击。K1坦克主炮的俯仰角为-10°～+20°，这可有利于越出棱线以大俯角攻击位于谷底的敌方目标。朝鲜半岛多山，山地起伏多变，由此可见在K1坦克的悬挂装置上，体现了韩国独特的作战思想。

五是车重减轻。为适应韩国多山的地形条件和在这种地形中顺利射击，要求减轻车重以利于液压悬挂装置调整车高及车姿。K1主战坦克的战斗全重与重达54.545吨的M1主战坦克相比，重量减轻了3.4吨。

由此也可以同样看出韩国独特的作战思想。

一般来说，很少有国家会公布自己坦克的装甲防护力，韩国也不例外。第三代坦克的共同特征是采用复合装甲。K1坦克从其重量较轻来看，采用的是间隔（缝隙）装甲，外形尺寸力求紧凑以降低中弹率，主要部分使用的是美式复合装甲。根据了解掌握的情况来看，K1坦克的正面，包括车首、炮塔前面和两侧，安装了美国研制的"乔巴姆"型先进装甲，可抗动能弹和化学能弹的攻击。这种装甲与M1坦克采用的装甲大致相同。

K1坦克前部与M1坦克前部似乎很相似，但K1坦克前部采用复合装甲的设计却比M1坦克更加先进。K1坦克的炮塔前部装甲由多个平面构成，比M1坦克更为复杂，其抗弹性能也比几近垂直安装装甲的日本90式坦克好得多。

◎ 武器系统

K1坦克的主炮采用了西方第二代坦克的标准L7A3型105毫米线膛

炮。之所以采用105毫米火炮，一方面是考虑到用105毫米火炮足以对付朝鲜配备的T-55、T-62坦克，另一方面是已装备的M48A5坦克使用的105毫米炮弹的库存还很充裕，装备其他种类的火炮和炮弹会造成成本过大。但从研制开始，韩国就已经考虑到将K1坦克火炮升级到西方第三代坦克的标准配置120毫米滑膛炮了。

105毫米火炮身管装有热护套，炮身中段装有抽烟装置，炮口附近装有炮口校正装置。炮塔旋转和火炮俯仰为电/液压操纵，紧急时也可以手动控制。为了使主炮获得俯角，炮耳轴还尽量向前安装。主炮俯仰角度为-10°～+20°，发射速度约为每分钟10发。火炮为双向稳定，即在水平方向和垂直方向均具有稳定性。

105毫米火炮可发射尾翼稳定脱壳穿甲弹、空心装药破甲弹、脱壳穿甲弹、白磷弹和训练弹等，其中尾翼稳定脱壳穿甲弹为主力弹种。尾翼稳定脱壳穿甲弹的穿甲厚度是脱壳穿甲弹的1.5倍，其在1000米外的穿甲厚度为450毫米，2000米外为400毫米。弹药基数为47

发，储存在车体前部右侧和炮塔吊篮底板上。

K1坦克的辅助武器是3挺机枪，同火炮并列安装有1挺M60E2X型7.62毫米机枪，装填手有1挺M60D型7.62毫米顶置机枪，弹药基数为8600发；车长有1挺K6型12.7毫米顶置机枪，弹药基数为2000发。炮塔顶上安装了机枪座，可从高位置实施有效的机枪压制射击，以便阻止敌步兵从近战距离上实施反坦克攻击。在炮塔前部两侧各装

有1组6具烟幕弹发射器。所有的弹药，包括尾翼稳定脱壳穿甲弹均由韩国生产。

K1坦克上安装了第三代坦克最先进的火控系统，主要由数字式弹道计算机、瞄准系统、传感器和伺服机构等组成，具有不论在静止间还是在行进间打击静止和活动目标的能力及夜间作战能力。

其火控弹道计算机为加拿大计算机设备公司生产的16位数字式电子计算机，可对各种传感器得到的

数据进行处理。炮长瞄准镜是休斯公司生产的，与M1A1坦克相同，内装有掺钕钇铝石榴石激光测距仪和热成像夜视仪。瞄准镜为双向稳定式，在海湾战争中已经过考验，证明它具有很强的夜间战斗能力和行进间射击能力。但休斯公司的这种炮长单目主瞄准镜仅安装在初期生产型的88式坦克上，以后的生产型坦克换装成了更先进的得克萨斯仪器公司的热成像瞄准镜。热成像瞄准境采用了性能更好的热成像仪、二氧化碳型激光测距仪和双向稳定的主瞄准镜。该瞄准境采用了广角双目式，从而增大了视场，提高了图像的清晰度。该坦克的辅助瞄准镜是1具8倍倍率的望远镜，与主炮并列安装。

车长瞄准镜为独立式周视潜望镜。此瞄准镜采用了法国生产的

全景式SFIM·VS580-13型，不与炮塔随动，可独立于炮长瞄准镜使用，车长在射击中可实施全周观察，一旦发现新的威胁目标，可超越炮长操作，通过一个按扭就可使主炮实施跟踪瞄准射击。VS580是垂直向和水平向的双向稳定器，放大倍率可变换为3倍或10倍。

K1坦克采用的炮长热成像瞄准镜和车长独立潜望式瞄准镜，属于美国最新式M1A2坦克上首次使用的高技术设备。故而有人说，K1坦克的火控系统是比M1A1更先进的火控系统。配备这种瞄准系统的K1坦克，在战场上如果面对的是T-54/55、T-62T坦克，无疑就能单方面地连续地对其进行射击；尤其是在夜间作战时，对方可能在尚未发现K1坦克之前就被消灭掉了。

◎ 推进系统

K1主战坦克虽与M1主战坦克同为一家公司研制，却没有采用燃气轮机，而是采用了德国MTU公司

生产的MB871 ka501型水冷柴油发动机。该发动机将MB873型12缸柴油机缩小到8缸，其缸径、冲程相同，排量为31.7升，功率为882千瓦。但也有种说法是由于美国担心韩国会出口88式坦克，所以才在88式坦克上采用了德国发动机。

K1主战坦克配用德国ZF公司生产的LSG3000型全自动变速箱，有4个前进档，2个倒档，从0加速到32千米/小时只需要9.4秒。该传动装置除采用机械式刹车外，还具有液压减速装置，可以使坦克在高速行驶情况迅速停下来。

K1坦克通过采用液压、扭杆复合型悬挂装置，调整车辆前后高度，其向前倾的最大倾斜角为-10°。K1坦克主动轮在后，诱导轮在前，车体每侧有托带轮和6个双橡胶轮缘负重轮。履带上部有装甲裙板防护。履带是双销式连接，还可装嵌橡胶垫。

# 印度阿琼主战坦克

　　1972年，印度陆军提出用新型主战坦克替换正在生产中的胜利式坦克的要求，同年8月，印度战车研究院即开始新型主战坦克方案研究。1973年5月中旬，印度国防部长拉姆斯沃默·文卡塔拉曼在印度议会上说，印度将自行研制一种称为印度豹的新型主战坦克。该坦克起初叫MBT-80坦克，最后定名为阿琼（Arjun）式主战坦克。印度正式批准研制该坦克的时间是1974年3月，该研制计划同时得到第一次拨款为1.55亿卢比，预研工作自此开始。

　　该坦克重50吨，主要部件例如发动机、传动装置、120毫米线膛火炮及其弹药、先进的装甲和火控系统均要求在印度生产。直至1984

年3月第一辆阿琼式坦克样车制成时，该项计划已支出3亿卢比。1985年3月，印度对外展出了该样车。到1988年年底，印度拟制造20辆阿琼坦克样车以便对武器、火控系统、发动机及传动装置和悬挂装置等部件进行广泛试验。然而截止

追加，已达29.20亿卢比，是第一次拨款的20倍，其中，对外交流费用为8.936亿卢比，约占总经费的三分之一。仅战车研究院1986年3月以前的开支就达到6.882亿卢比，其中对外交流费为3.286亿卢比。

1987年年底，才制成10辆样车，其中6辆交给印度陆军试验，其余4辆留在战车研究院供院方试验和改进发展。

该坦克正式研制以来计划一再延期，时过15年仍未完成，原来确定的1990年装备部队的目标至少要推迟到90年代中期。研制经费一再

## ◎ 总体布置

该坦克总体布置采用常规方案，样车以均质装甲板制成，生产型坦克采用印度国防冶金实验室研制的坎钱式复合装甲。

## ◎ 武器系统

该坦克的主要武器是1门120毫米的线膛坦克炮，配用由印度火炸药研究院研制的尾翼稳定脱壳穿甲弹、榴弹、破甲弹、碎甲弹和发烟弹。因为这些炮弹采用该院研制的新型高能发射药发射，所以弹丸初速较高，穿甲弹的穿甲性能较好。该坦克的辅助武器包括1挺并列机枪和1挺高射机枪，炮塔两侧各装1排电操纵的烟幕弹发射装置。

其火控系统由巴拉特电子有限公司研制，是在该公司为胜利式坦克研制的改进型坦克火控系统基础上发展来的，由昼/夜热像瞄准镜、激光测距仪、弹道计算机及各种传感器组成。

◎ 推进系统

该坦克起初准备采用燃气轮机，但后改用1103千瓦（1500马力）12缸风冷可变压缩比柴油机。6辆样车上装的是联邦德国MTU公司的柴油机，功率为809千瓦（1100马力）。因为订货时没有提出在印度使用的特定条件，造成使用问题。印度试图使发动机生产国产化，但国产发动机难以达到陆军要求的1029千瓦（1400马力）的标准，这也是阿琼坦克研制计划一拖再拖的主要原因之一。

该坦克样车装有联邦德国ZF公司制造的LSG3000型自动传动装置，采用液气悬挂，并装有巴巴原子研究中心研制的三防装置。

## ◎ 设计缺陷

印度陆军对阿琼坦克的评价不高，在样车鉴定报告中指出："试验结果表明，阿琼坦克在设计和性能方面不能满足用户的验收条件"，"最糟糕的是发现设计阿琼坦克时未考虑安全性、可靠性和易保养性"。报告中提出的主要具体问题是：

（1）炮塔和车体设计不适于顺利、安全地操作，例如驾驶员开窗驾驶时，炮塔转动会碰到头部；火炮处于正前方向时，驾驶员无法出入驾驶舱。

（2）火控系统的部件既未做到一体化，又缺乏相互配合。

（3）炮弹装填速度慢得让人无法接受，例如装一发待发射弹需15秒，装非待发射弹的时间还要更

长。

（4）装填炮弹时火炮必须调到一定仰角，否则无法装弹。

（5）高射机枪由装填手在车外操作，操作高射机枪与装炮弹不能同时进行。

（6）炮塔中只有3发待发射弹，而陆军要求至少有12发待发射弹。

（7）样车炮塔结构不合理，容易卡弹。

（8）样车重达52～60吨，比原计划的45t增加太多，严重影响了坦克的机动性并造成铁路运输困难和超过桥梁安全通过标准。

（9）乘员工作环境对发挥乘员最佳效能不利，例如座椅调节量小、坐着不舒服、乘员不易接近操纵设备。

总之，样车试验结果不能断定该坦克可以有效地执行战斗任务。